D1734479

ARBEITSKREIS WILDBIOLOGIE UND JAGDWISSENSCHAFT
AN DER JUSTUS LIEBIG-UNIVERSITÄT GIESSEN

Heft 9

Schriften des Arbeitskreises für Wildbiologie und Jagdwissenschaft
an der Justus-Liebig-Universität Gießen

Die Herbstmast-Simulation

Untersuchungsergebnisse und kritische Analyse eines praxisorientierten AKWJ-Projektes zur Problematik der Schalenwildfütterung

durchgeführt in Hessen von 1979 bis 1982

von

Professor Dr. R.R. Hofmann

und

Nicolaus Kirsten

(unter Mitarbeit von Dr. Hannelore Köhler-Hoefs,
Dr. Franz Müller und Prof. Dr. K.H. Neumann)

mit 40 Abbildungen und Tabellen im Text

Ferdinand Enke Verlag Stuttgart

1982

Herausgeber: Arbeitskreis für Wildbiologie und Jagdwissenschaft
an der Justus Liebig-Universität Giessen
Adresse: D-6300 Giessen, Frankfurter Str. 98
Schriftleitung: Prof. Dr. R.R. HOFMANN

CIP-Kurztitelaufnahme der Deutschen Bibliothek

HOFMANN, Reinhold, R.: Die Herbstmast-Simulation:
Unters.-Ergebnisse u. krit. Analyse
e. praxisorientierten AKWJ-Projektes
zur Problematik d. Schalenwildfütterung
durchgeführt in Hessen von 1979-1982
Enke,1982
(Schriften des Arbeitskreises für Wildbiologie
und Jagdwissenschaft an der Justus Liebig-
Univ. Giessen, H. 9)
von R.R. Hofmann u. Nicolaus Kirsten
(unter Mitarbeit von Hannelore Köhler ...)
- Stuttgart

ISBN 3-432 93051-8

NE: Kirsten, Nicolaus:
Univ.
Arbeitskreis   Giessen
Arbeitskreis Wildbiologie und Jagdwissenschaft
Schriften des Arbeitskreises ...

(Schriften des Arbeitskreises für Wildbiologie und Jagdwissenschaft
an der Justus Liebig-Universität Giessen-Lahn: Heft 9)

Printed in Germany

Gahmig Druck Giessen . 63 Giessen-Wieseck . Kiesweg 12

INHALTSVERZEICHNIS

Vorwort
des Präsidenten des Landesjagdverbandes Hessen

Im waldreichsten Land der Bundesrepublik ist das Rehwild überall,
das Rotwild in mehreren Vorkommen vertreten. Hessen hat durch
seinen Waldreichtum eine florierende Forstwirtschaft und eine
alte Jagdtradition, die für die hessische Jägerschaft zugleich
die Verpflichtung mit sich bringt, die Wildbestände in Einklang
mit der Landeskultur zu erhalten.

Diese Aufgabe wurde in den letzten zwanzig Jahren immer schwie-
riger, weil der erholungsuchende Mensch von Nah und Fern die
vielgestaltigen Wälder Hessens viel stärker beansprucht als
früher. Er dringt ungewollt in die Nahrungsgründe des Wildes ein
oder hindert das Wild allein durch seine Gegenwart am Aufsuchen
der Äsung.
Land- und Forstwirtschaft waren im Gefolge des Wirtschaftswachs-
tums Europas gezwungen, ihre Aktivitäten zu rationalisieren, wobei häufig nicht nur die ökologische Vielfalt verlorenging,
sondern auch die artgemäße Nahrung des Wildes im Jahresablauf.

Das alte Wort Hege ist von der Jägerschaft Mitteleuropas durch
zahlreiche Aktivitäten für das Wild zu einem lebendigen Begriff
geworden und auch unsere Jagdgesetze verpflichten den Jäger
zur Hege. Die Sorge für ausreichende, artgerechte Ernährung
steht dabei im Mittelpunkt, zumal entsprechende Maßnahmen den
Schaden des Wildes an land- und forstwirtschaftlichen Kulturpflanzen erheblich zu senken vermögen oder ganz ausschalten
können.

Die Jägerschaft hat nie recht verstanden, warum der Mißbrauch
von Fütterungsmaßnahmen durch einige ein generelles Verbot be-
wirken konnte. Das Verbot erfolgte zu einem Zeitpunkt, als wissenschaftliche Untersuchungen und Praxiserprobungen mehr und
mehr Nachweise erbrachten, die einen Engpaß in der Ernährung des
Wildes in den Herbstmonaten und ein offenbar über riesige Zeit-
räume entwickeltes Anpassungssystem aufzeigten, das auf einer
Energiebevorratung des Wildes für den Winter beruhte, dessen
Ablauf der wirtschaftende Mensch aber in letzter Zeit unmöglich
machte.

Die hessische Jägerschaft sah eigentlich nur einen Weg, das zur
Unzeit und offenbar für den falschen Zeitraum erlassene Verbot
langfristig zu korrigieren, um damit dem Wild und dem Wald Entlastung zu bringen: durch eine wissenschaftliche, praxisorien-
tierte Untersuchung der Hintergründe und der möglichen Lösungen
für dieses uns alle bewegende Problem.
Hierzu lag eine Resolution der Mitgliedsvereine im Langesjagd-
verband vom 27.4.1979 vor.

Die Oberste Jagdbehörde vergab daraufhin nach Absprache mit
dem LJV einen entsprechenden Forschungsauftrag an den in Hessen
ansässigen Arbeitskreis Wildbiologie und Jagdwissenschaft an der
Justus Liebig-Universität Giessen, den dieser mit Mitteln aus
der Jagdabgabe der hessischen Jäger durchführte.

Wir hoffen, daß die hier vorgelegten Ergebnisse und Folgerungen
zu einer für alle Beteiligten positiven Lösung des Wildernäh-
rungsproblems beitragen können und über die Grenzen Hessens
hinaus für die Erhaltung von Wild und Wald als Einheit fort-
wirken.

Kassel, 15.8.1982

                        Karl-Heinz Schuster
                        Präsident des LJV

Abb. 1: Die Erhaltung des angestammten Schalenwildes in lebens-
fähigen, nutzbaren Beständen ist in dichtbesiedelten
Ländern mit vielfach genutzten Wäldern ohne Hegemaßnahmen zur Verbesserung der Wildernährung kaum mehr
möglich.
(Foto Julius BEHNKE)

1. Einführung in die Problematik und Definition

In den Jahren 1979 bis Frühjahr 1982 führte der Arbeitskreis Wildbiologie und Jagdwissenschaft an der Justus Liebig-Universität Giessen in Absprache mit dem Landesjagdverband Hessen und im Auftrag der Obersten Jagdbehörde bzw. des Hessischen Ministeriums für Landwirtschaft, Umwelt, Landesentwicklung und Forsten ein Forschungsprojekt über Wildfütterung unter aktuellen Gesichtspunkten durch, das aus Mitteln der gesetzlichen Jagdabgabe der hessischen Jäger finanziert wurde.

Die Fütterung von Schalenwild hat in Mitteleuropa eine mehr als zweihundertjährige Tradition. Sie ist im Bewußtsein der Menschen unseres Kulturkreises fest verankert als ein konkreter Bezugspunkt in der von vielen gesuchten Begegnung Wildtier-Mensch. Selbst der hohe Stellenwert, den Wildfütterungen als Touristenattraktion im Rahmen der kommerziellen Vermarktung der Natur genießen, bestätigt das. Ungeachtet der Fehler, Fehlentwicklungen und Übertreibungen in der Wildfütterungspraxis kann behauptet werden, daß die Bemühungen in der Wildfütterungshege besonders der letzten hundert Jahre wesentlichen Anteil an der Erhaltung größerer Wildbestände in den dichtbesiedelten Industrieländern Mitteleuropas haben.

Ursprünglich sind die Anlässe und Motivationen für die Fütterung des Wildes eher praktischer, nutzungsorientierter Natur gewesen (Ortsbindung, Schutz der Land- und Forstwirtschaft), als biologischen Bedürfnissen des Wildes Rechnung tragen zu wollen. Die sogenannte ethische Komponente ist erst mit der Verbreitung des Tierschutzgedankens hinzugekommen, wie seitdem ja auch das Füttern der Vögel im Winter beinahe eine Selbstverständlichkeit geworden ist. Damit ging jedoch auch eine immer stärker an menschlichen Vorstellungen von Not und Bedürftigkeit orientierte Fütterungsmotivation einher, die sich gleichzeitig von den biologischen Grundlagen, vor allem aber von der evolutionär entstandenen Anpassungsfähigkeit des Wildes weitgehend entfernte.

Als sich in den letzten zwanzig, dreißig Jahren die inten-
sivere Nutzung und Erschließung des Waldes und das stark veränderte, erweiterte Freizeitverhalten der Menschen in Mitteleuropa auf das Einstands- und Ernährungsverhalten, auf den
Tages- und Jahresrhythmus des Wildes negativ auszuwirken be-
gann, zeigte sich zusehends, daß die bisherige Praxis der
"Notzeit"- oder Winter-Fütterung weder dem Wild noch dem Wald
ausreichend Schutz vermitteln konnte. Ohne die komplexen Kau-
salitäten und die veränderten Ökofaktoren sorgfältig zu ana-
lysieren, wurde nun bedauerlicherweise eher emotionell und
ideologisch als wissenschaftlich oder fachbezogen <u>gegen die
Wildfütterung an sich</u> argumentiert. Dabei wetteiferten die
ansonsten konträr gepolten Ökologen mit den Ökonomen um das
gleiche Ziel; als Konsequenz, wie so oft in derartigen Situationen in Deutschland, verfiel man nicht auf eine pragmatische
Lösung, sondern auf ein Verbot.

Als dieses Fütterungsverbot im Rahmen der Novellierung des
Bundesjagdgesetzes und der Landesjagdgesetze mehr oder weniger
einschneidend verkündet wurde, war der wissenschaftliche Er-
kenntnisstand über die Ernährungsphysiologie und die biologische
Anpassung unserer Wildwiederkäuerarten an den Jahreszeitenwech-
sel bereits auf einem Stand, der eine differenzierte Betrach-
tungsweise ermöglicht hätte. Gerade weil durch das Fütterungsverbot die Probleme um Wald und Wild nicht gelöst, sondern eher
erschwert wurden, ist die Diskussion über diese Problematik im
In- und Ausland erheblich intensiver geworden, auch aufgrund
verstärkter einschlägiger Untersuchungen und eines inzwischen
weiter verbesserten Wissensstandes, der jetzt auch die Initia-
toren am biologischen Sinn des Verbotes zweifeln läßt.

Ausgangspunkt für unsere Untersuchungen zu einer "Herbstmast-
Simulation" ist das bei zahlreichen Säugetierarten beobachtete
und bei Pflanzenfressern (insbesondere Wildwiederkäuern) der
gemäßigten und warmen Zonen vielfach bestätigte Anpassungsphäno-
men der <u>Energiebevorratung</u> (zu Zeiten des größten natürlichen
Nährstoffangebotes) für die Perioden des Mangels (Winter bzw.
Vegetationsruhe oder Trockenzeit). In der nördlichen Hemisphäre

Eurasiens und Amerikas kommt es im Herbst zu einer Kulmination
der Fruchtbildung (generative Masse) bei ungezählten Kräutern,
Büschen und Bäumen, während Nährstoffgehalt und Verdaulichkeit
der Grünpflanzen (vegetaive Masse) absinken. Die Konzentrat-
nahrung, die sich dem Wild in Form der Samen und Früchte im
Herbst darbietet, wird weitgehend in Form von Speicherfett in
deren Energiedepots wie Unterhaut, seröse Häute, Organkapseln,
Muskelbindegewebe etc. niedergelegt.

Im Verlauf des Winters, der dem Wild nur relativ rohfaser-
reiche, nährstoffarme und schwerverdauliche Erhaltungsäsung
bietet, bis zum Einsetzen der neuen Vegetationsperiode werden
diese Fettreserven allmählich abgerufen und decken so das ander-
weitig zwangsläufig entstehende Energie-Defizit. Derartig auf
die Mangelsituation des Winters vorbereitete Wildtiere brauchen
im eigentlichen Winter (Dezember bis Februar) daher nur relativ
wenig Nahrung aufzunehmen. Sie schränken andererseits zur Ener-
gieersparnis ihren Aktionsradius und ihre Bewegungen ein. Es
versteht sich daraus, daß im Herbst nicht feist gewordenes Wild
im Winter in ein Energiedefizit gerät und daher zur Selbster-
haltung verstärkt kompensatorische Wildschäden verursacht: es
verbeißt, um fehlende Feiste zu ersetzen. Dennoch muß es durch
diese verstärkte Nahrungssuche zur Unzeit wertvolle Energie ver-
brauchen und verliert daher immer mehr an Kondition. Andererseits kommt eine erst im Hochwinter einsetzende Fütterung zu
spät für diese physiologischen Abläufe; wird in dieser Zeit des
gedrosselten Stoffwechsels Kraftfutter verabreicht, werden Schäden sowohl im Tier wie auch an der Vegetation provoziert. Wir
gehen daher von der Überlegung aus, daß der weitverbreitete
Mangel einer natürlichen Herbstmast in den forstlich und land-
wirtschaftlich intensiv genutzten, pflanzensoziologisch verarm-
ten Revieren Mitteleuropas zur Kenntnis genommen werden muß.
Das darf aber nicht etwa auch noch mit einer Eliminierung der
Tierwelt einhergehen, sondern das immer noch gute Sommeräsungs-
angebot sollte sinnvoll ergänzt werden, zunächst durch eine
Simulation der fehlenden Herbstmast. Auf welchen Wegen das erreicht werden kann, soll im Folgenden dargestellt werden.
Herbstmast-Simulation ist die durch hegerische Maßnahmen ("Wild-

life Management") ermöglichte, intensive und ausreichende Aufnahme nährstoffreicher Nahrung durch freilebende Pflanzenfresser zu einem Zeitpunkt, der im Jahresrhythmus dieser an unsere Klimazonen angepaßten Wildarten dafür vorgesehen ist.

Das ist beim Rehwild der Zeitraum im Anschluß an die Blattzeit, d.h. Anfang September bis Ende November. Beim Rotwild erreicht die im Sommer einsetzende Periode intensivster Nahrungsaufnahme dann unmittelbar nach der Brunft, d.h. ab Anfang Oktober ihren Höhepunkt und geht bis etwa Mitte Dezember. Damwild, Muffelwild und Sikawild verhalten sich bei leichten Zeitverschiebungen ähnlich; nur beim Gamswild mit seinen an extreme Umweltbedingungen angepaßten, physiologischen Besonderheiten läuft dieser Prozeß konzentrierter ab, zumal er durch eine späte, leistungsintensive Brunft unterbrochen wird.

2. Übersicht über den derzeitigen Wissensstand

(In- und ausländische Literatur zur Energiebevorratung der Wiederkäuer)

Im Laufe der Eskalation des sogenannten Schalenwildproblems, vor allem in den Bundesrepubliken Deutschland und Österreich, Anfang der Siebziger Jahre zeigte sich zunächst, daß zwar ausgiebig über Wildschäden, über Abnormitäten und Trophäen gearbeitet worden war, daß die Jagdwissenschaft es aber weitgehend versäumt hatte, die biologischen Grundlagen der Hauptschalenwildarten zu erforschen, insbesondere die anatomischen, physiologischen und biochemischen Charakteristika der einzelnen Wildwiederkäuerarten. Dadurch konnte es nicht nur zu unzulässigen Verallgemeinerungen über "das Schalenwild" kommen, sondern auch zu falschen Schlüssen sowohl in den Hegebemühungen wie in den Aktionen zur Reduktion bzw. Eliminierung des Wildes, weil kritiklos übernommen wurde, was von den domestizierten Wiederkäuerarten Rind und Schaf bis dahin bekannt war. Es muß hier ausdrücklich festgestellt werden, daß das in den letzten zehn Jahren durch intensive Forschungsarbeiten in den mitteleuropä-

ischen Ländern, in Polen, Dänemark und Großbritannien erar-
beitete und abgesicherte Wissen besonders um Rehwild und
Rotwild von den politischen Entscheidungsgremien (aber teilweise auch von der Jägerschaft) nicht hinreichend studiert,
verstanden oder gar nicht zur Kenntnis genommen wurde. Anders
sind bestimmte Fehlentwicklungen nicht zu erklären. Dabei
fußen die an unseren Wildwiederkäuerarten gewonnenen Erkenntnisse auf einem breiten wissenschaftlichen Vergleichsfundament,
das durch zahlreiche Einzelarbeiten vor allem an den nordameri-
kanischen Wildarten wie Weißwedelhirsch, Maultierhirsch, Wapiti,
Caribou und Pronghornantilope z.T. bereits in den Sechziger
Jahren gelegt wurde. Obwohl in mehreren Original- und Übersichts-
arbeiten (z.B. BUBENIK, 1971; von BAYERN, 1975; HOFMANN, 1976
und 1978; WEINER, 1977; ELLENBERG, 1974 und 1978; HOFMANN und
HERZOG, 1980 u.a.) unter Verarbeitung der internationalen
Literatur die wesentlichen Fakten über die besondere Ernährungsweise, den Energiehaushalt und die Überlebensstrategien unserer
Hauptwildarten frei zugänglich und in einer auch für Laien verständlichen Form publiziert worden sind, fehlt es leider noch
immer an der erforderlichen Einsicht und den notwendigen Konse-
quenzen.

Erste Hinweise auf die biologische Bedeutung der Fettspeicher
für den Energiehaushalt nicht winterschlafender Säugetiere
finden sich bei KLEIBER (1961), während Sir Darling FRAZER (1964)
der Fähigkeit größerer Säugetiere, sich dem jahreszeitlichen
Rhythmus anzupassen, entscheidende Bedeutung für ihr Überleben
zumißt, wobei das Individuum im Rahmen dieses Prinzips durch
hormonelle Steuerung den üblichen Schwankungen folgen kann.

Schon 1969 stellten SILVER et al. fest, daß Weißwedelhirsche
im Winter ihre Nahrungsaufnahme und ihre Aktivitäten einschränk-
ten und daß die Stoffwechselrate von Mai bis August um 50 %
über der der kühleren Monate liegt. Die zyklischen Änderungen
von Stoffwechsel, Nahrungsaufnahme und Aktivität wurden nachfolgend bei weiteren Wildarten untersucht, so beim europäischen
Rentier und dem kanadischen Caribou durch McEWAN und WHITEHEAD
(1970), die eine deutliche Abhängigkeit des Körpergewichts von
der jahreszeitlich wechselnden Energieaufnahme feststellten.

Im Winter wurden 35-40 % weniger Kalorien aufgenommen als in
der Vegetationsperiode; in der Mastperiode (August bis November) wurde die Wärmeproduktion um 25 % reduziert. Sie
heben als erstaunlichsten Befund über den Energiehaushalt der
Kälber den sehr hohen Prozentsatz (75 %) von Energie hervor,
der in Fettgewebe umgewandelt wird.

Obwohl damals kaum beachtet, weist BUBENIK bereits 1971 daraufhin, daß die Herbstmast (bzw. die Fütterung von Oktober bis
Dezember) auch bei Reh- und Rotwild der Feistbildung dient und
daß danach eine Drosselung von Futteraufnahme und Stoffwechsel
stattfindet. Rotwild habe sein Höchstgewicht im August/Sep-
tember, Rehwild im November/Dezember. Letzteres hatte bereits
STUBBE (1966) festgestellt, ohne jedoch auf den Zusammenhang
mit der Feistbildung einzugehen.

Über den komplexen biologischen Mechanismus der Energieeinsparung im Winter bei dem (unserem Rehwild noch am ehesten vergleichbaren)Weißwedelhirsch berichtet MOEN (1976) in einer
ersten Übersicht.

Hauptkennzeichen der Energieeinsparung sind eine generelle Einschränkung aller Aktivitäten, das Aufsuchen ebener Einstände
und geringer Schneehöhen (z.B. in Beständen mit Kronenschluß)
und eine besonders langsame Fortbewegung. Die Tiere können dabei bis zu 1.000 Kcal pro Tag oder bis zu 0,5 kg Frischäsung
einsparen. Der an der Cornell-Universität in Ithaca, New York
lehrende Autor empfiehlt: "Das Wild sollte im Winter so wenig
wie möglich gestört werden; Beunruhigung durch Hunde und Winter-
sport hebt ihre langfristige physiologische und verhaltens-
mäßigende Anpassung an die Winterbedingungen praktisch auf".
MOEN weist daraufhin, daß die jahreszyklischen Stoffwechselver-
änderungen auch durch entsprechende Befunde an den entscheidenden Hormondrüsen bestätigt wurden. Beim Weißwedelwild wurde das
an den Schilddrüsen zuerst von HOFFMAN und ROBINSON (1966) nachgewiesen, beim Reh- und Rotwild von BARTH und SCHAICH (1979
bzw. 1981), BARTH und HORN (1980) sowie BIRRAS (1981).

Es gilt mittlerweile auch als gesichert, daß die Hauptenergie-
reserve der freilebenden Säugetiere, das Depotfett, durch
eine zyklische Hormonsteuerung auf- und abgebaut wird und mit
den physiologischen und ethologischen Anpassungsvorgängen ver-
zahnt ist (MEIER und BURNS, 1976). Depotfett als Energiereserve
wird vor allem in Form der Triglyceride niedergelegt (Neutral-
fett) und die Aufnahme fetthaltiger Nahrung (wie sie zahlreiche
Samen und Früchte darstellen) begünstigt die biochemischen
Prozesse für eine rasche Ansammlung derartiger Reserven
(SCHEMMEL, 1976). Es wurde nachgewiesen, daß die Fähigkeit zur
Anlage von ausreichenden Energiedepots bereits im jugendlichen
Alter entwickelt wird, d.h. im ersten Lebensjahr unzureichend
ernährte Kälber und Kitze haben zeitlebens geringere Fähigkei-
ten, solche Depots anzulegen (außerdem stellen sie verfrüht ihr
Wachstum ein) und bleiben daher auch bei verbesserter Äsung
untergewichtig. Wie YOUNG (1976) in einer umfassenden Übersicht
darlegt, spielt das Fettgewebe eine entscheidende Rolle in der
Säugetier-Überlebensstrategie; denn es dient als Organ für die
Speicherung von Nährstoffen und Energie, als eine Quelle für
Wärme und Wasser und als Wärmeschutz (Thermoisolation). Es ermöglicht freilebenden Tieren Nahrungsengpässe und Belastungen
bei Partnersuche, Territorialität, Trächtigkeit und Milchbildung
zu überwinden, und es begünstigt die saisonalen Wanderungen
(aber auch Einstandswechsel bzw. Abwanderungen). Während Tiere
in Trocken- und Wüstengebieten ihre Fettdepots so anlegen, daß
sie die Wärmeregulation nicht negativ beeinflussen können,
nutzen Tiere in kälteren Regionen ihre ausgedehnten oberfläch-
lichen Fettschichten (z.B. Unterhaut-Fettgewebe) zur Wärme-
Isolation.

Immerhin ist festzustellen, daß das rasch erweiterte Wissen
um dieses überlebensentscheidende biologische Phänomen nicht
nur bei uns ohne die gebührende Beachtung und Anwendung auf die
Hegepraxis und die Wildbewirtschaftung blieb, sondern auch in
Nordamerika. Das veranlaßte MAUTZ (1978) zu dem nachdrücklichen
Hinweis, daß nur die Erörterung des Gegensatzes Sommer/Winter
(ohne Berücksichtigung von Herbst und Frühjahr) keine ausreichende Erklärung für die Überlebensstrategie der wildleben-

den Pflanzenfresser geben konnte. Er faßt die entscheidenden
physiologischen Kriterien für die amerikanischen Wildwiederkäuerarten nochmals zusammen und verdeutlicht sie in einer
Abbildung, die für unsere mitteleuropäischen Verhältnisse ab-
geändert und erweitert wurde (HOFMANN, 1981; Abb. 2). Er
betont, daß die altbekannte Erscheinung des Winterschlafs
mit ihrer vorausgehenden Energiebevorratung keineswegs nur
auf diese Tiere beschränkt bleibt, sondern daß zahlreiche
Tiere, die eine Verschlechterung bzw. Verringerung ihrer Nah-
rungsquellen im Winter erwarten müssen, eine vergleichbare
Strategie benutzen. Dabei stellen die Erscheinungen wie ver-
ringerte Aktivität, gedrosselter Stoffwechsel etc. eigentlich
fließende Übergänge zu der totalen Inaktivität des Winterschlafs dar. Wie stark diese Anpassungs-Vorgänge in der genetischen Substanz verankert sind, zeigt sich an gegatterten bzw.
im Stall gefangen gehaltenen Tieren, die selbst bei <u>gleichblei-
benden</u> Umweltbedingungen (Temperatur, Ernährung, Licht etc.)
dennoch diesen Rhythmus beibehalten, auch in folgenden Genera-
tionen (siehe BARTH, 1976; THOMPSON et al., 1973).

Die drastische Verringerung der Nahrungsaufnahme im Winter,
die auch auf Kosten der Körpersubstanz geht (Gewichtsverluste)
ist als Anpassungsmechanismus eindeutig erklärbar mit dem Absinken der <u>Nahrungsqualität</u> zum Winter hin, d.h. Gräser, Kräuter und Blätter verlieren ihre Verdaulichkeit durch Ansteigen
des Faseranteils bzw. Verholzung und entsprechendes Absinken
des Eiweißgehaltes. Die Pflanzen, die auf diese Weise den
Winter überleben, haben ihren Energie-Überschuß in den Samen
und Früchten niedergelegt, die zum großen Teil auf die Aufnahme und damit die Verbreitung durch Tiere angewiesen sind.
Davon sind solche Wiederkäuer stärker betroffen, die aufgrund
ihrer Anatomie und Physiologie <u>leichtverdauliche</u> Äsung aufnehmen müssen und daher auf Zellinhalt (v.a. Stärke, Eiweiß, Fett)
und weniger auf Zellwand (Gerüst, Zellulose) selektieren, d.h.
Konzentratselektierer wie Reh oder Weißwedelhirsch. Hinzu kommt,
daß bei geringer Qualität bzw. Verdaulichkeit der faserreichen,
aber verholzten Winteräsung der Energieaufwand bei der Nahrungssuche häufig den Gewinn aus dem Aufgenommenen übersteigen würde

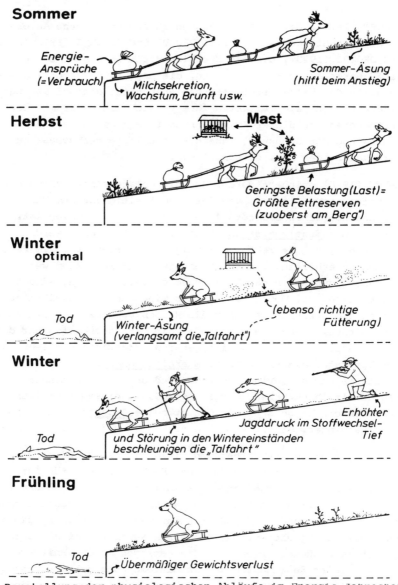

Sommer

Energie-
Ansprüche
(=Verbrauch)

Milchsekretion,
Wachstum, Brunft usw.

Sommer-Äsung
(hilft beim Anstieg)

Herbst

Mast

Geringste Belastung (Last) =
Größte Fettreserven
(zuoberst am „Berg")

Winter
optimal

Tod

Winter-Äsung
(verlangsamt die „Talfahrt")

(ebenso richtige
Fütterung)

Winter

Tod

und Störung in den Wintereinständen
beschleunigen die „Talfahrt"

Erhöhter
Jagddruck im Stoffwechsel-
Tief

Frühling

Tod

Übermäßiger Gewichtsverlust

Abb. 2: Darstellung der physiologischen Abläufe im Energie-Jahreshaushalt
der Wildwiederkäuer als "Schlittenfahrt": Aufstieg im Sommer und
Herbst bei guter Äsung bzw. Herbstmast mit Energiebevorratung
durch Feist; Abfahrt im Winter bis zum Einsetzen der neuen Vegetation; feistgewordene Stücke haben eine längere Abfahrt, die
durch Erhaltungs-Äsung oder energieärmere Erhaltungsfütterung
gebremst werden kann, während Störungen die Energiereserven vorzeitig erschöpfen und damit die Talfahrt beschleunigen oder gar
zum Absturz in den Hungertod (Energiedefizit) führen.

(frei nach MAUTZ, 1978, aus HOFMANN, 1981 in "Wild u. Hund" 83/26)

(SHORT, 1975). Mit diesem Phänomen sind verschiedene Autoren nicht zurechtgekommen, so u.a. DROZDZ und OSIECKI (1973, 1975) und DROZDZ (1979), die ein Energiedefizit im Winter aus der verfügbaren Äsung konstatierten, die ergänzende, stabilisierende Rolle der Fett-Energiereserven aber nicht einbeziehen und erkennen; denn sie fütterten ihre Versuchstiere nur mit der verfügbaren (zu dieser Zeit nährstoffarmen, faserreichen) Blatt- und Strauchäsung, ohne die natürliche Herbstmast zu berücksichtigen bzw. zu simulieren.

MAUTZ (1978) erinnert daran, daß die Anlage einer umfangreichen Energie-Reserve in Form von Fett rechtzeitig vor dem Winter für das Überleben der nördlichen Cerviden unerläßlich ist. Dennoch muß Erhaltungsäsung regelmäßig aufgenommen werden, allein schon, um die lebensnotwendigen Bakterienstämme im Pansensystem zu erhalten. Die Anforderungen, die in diesem weisen Anpassungssystem an das Individuum gestellt werden, sind höchst unterschiedlich. Ob ein weibliches Tier ein oder zwei Kitze hat, ob ein Bock territorial oder ein Hirsch besonders brunftaktiv ist, wird sich auf die Menge oder die Verfügbarkeitsdauer des Energiedepots auswirken. Eine geradezu drastische Entleerung erfolgt unter dieser auch auf Energieeinsparung ausgerichteten Strategie durch häufige Störungen und dadurch veranlaßte Flucht mit ihrem hohen Energieaufwand. Zu diesem negativen Faktorenkomplex gehört auch der ständige Jagddruck im Hoch- und Spätwinter.

Für das Wachstum der Kälber und Kitze ist die Verfügbarkeit energiereicher Nahrung in Form der Herbstmast ein für ihr weiteres Leben entscheidender Faktor; denn wie von BAYERN (1975) nachwies, stellen Jungtiere ohne Herbstmast ihr Wachstum früher als andere ein und sind später nicht mehr in der Lage, diesen Nachteil auszugleichen. Das vermehrte Auftreten dieser untergewichtigen Kümmerformen bzw. die geringen Durchschnittsgewichte vieler Rehwildstrecken in Mitteleuropa gehen auf dieses Konto. Sie sind nicht primär auf hohe Wilddichten oder die sogenannte "Degeneration" zurückzuführen; denn wie v.a. der Herzog von BAYERN (1975) zeigen konnte, verändert eine aus-

Abb. 3: Für das Wachstum der Kälber und Kitze ist die Ernährungs-
situation im Herbst, bis zum Winteranfang, für ihr ganzes
weiteres Leben entscheidend. Ist um diese Zeit das Angebot
schlecht oder zu gering, stellen sie vorzeitig ihr Wachstum ein und gehen schwach in den Winter.

(Fotos J. BEHNKE)

reichende Ernährung gerade im Herbst die Kondition des Wildes
entscheidend, während das rigorose Absenken der Wilddichte
allein, ohne Ermöglichung einer Herbstmast, keine derartigen
Verbesserungen bringten konnte (u.a. MAGGIO, 1979). Das eindeutige biologische Ziel der Herbstmast bzw. der Energiebevorratung durch Fettdepots ist es, dem Pflanzenfresser ein Überleben in der Mangelsituation des Winters zu gestatten und ihm
den Anschluß an die neue Vegetationsperiode zu ermöglichen.
Die Feistvorräte müssen daher so reichhaltig sein, daß sie bis
zum Frühjahr noch nicht völlig erschöpft sind. Wie HOFFMANN
(1977) beim Rehwild nachwies, erreichen sie tatsächlich ihren
Tiefstand erst im August, am Ende der Brunft (Abb. 4), obwohl
das nicht die absolute Regel sein muß. In den verregneten
Sommern der Jahre 1980 und 1981 war es dem Rehwild möglich,
die Fettdepots bereits vor der Blattzeit stärker aufzufüllen,
was in warmen Sommern durch erhöhte Aktivität und erhöhten
Stoffwechsel offenbar nicht der Fall ist: die reichhaltig aufgenommene Energie der nährstoffreichen Sommernahrung wird sofort weitgehend verbraucht. Im übrigen unterscheiden sich bei
grundsätzlich ähnlichen Biomechanismen hier die Geschlechter
und die Altersklassen, ja sogar Individuen, da sie unterschiedlichen Stoffwechselbelastungen (auch Umwelteinflüssen) ausgesetzt sind. Es muß schließlich noch darauf hingewiesen werden,
daß Wiederkäuer prinzipiell und besonders ein Wiederkäuer vom Kon-
zentratselektierer-Typ aufgrund anatomischer Besonderheiten
(HOFMANN, 1973; 1978) nicht in der Lage ist, mangelnde Nahrungs-
qualität oder Energieverluste (z.B. durch die Losung und durch
Vergärungsgase) durch vermehrte Nahrungsaufnahme zu kompensieren;
wie PERZANOWSKI (1978) beim Reh bestätigt, wird normalerweise
schwer verdauliches Futter im Verdauungstrakt länger zurückge-
halten als leicht verdauliches. Davon abweichende Befunde
(besonders bei Rot- und Gamswild) deuten auf spezielle Anpas-
sungsvorgänge hin, die zur Zeit noch untersucht werden. Bekannt
istjedoch das vielen Laien erstaunliche Paradoxon, daß Wildwiederkäuer mit gefülltem Verdauungstrakt unfähig zur weiteren
Nahrungsaufnahme sind und dennoch in ein Energiedefizit geraten,
d.h. hungern (EISFELD, 1976). Ein nachhaltiger Mangel an ge-

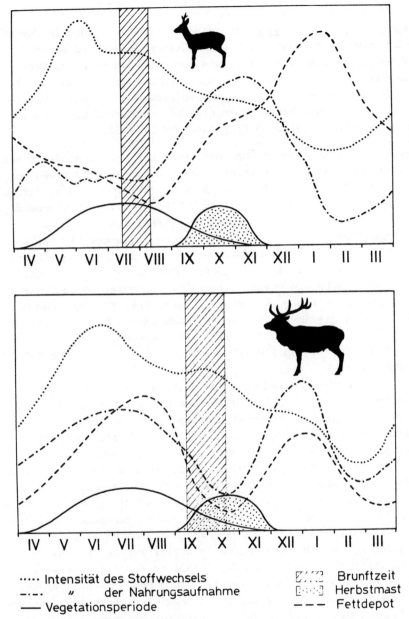

IV V VI VII VIII IX X XI XII I II III

IV V VI VII VIII IX X XI XII I II III

····· Intensität des Stoffwechsels
—··— " der Nahrungsaufnahme
——— Vegetationsperiode

▨▨▨ Brunftzeit
▦▦▦ Herbstmast
— — — Fettdepot

Abb. 4: Stark schematisierte Darstellung der zyklischen Abläufe
        von Stoffwechsel, Nahrungsaufnahme und Feistbevorratung
        bei Rehbock und Rothirsch in Beziehung zu Brunft, Vege-
        tationsperiode und Herbstmast.
        (aus HOFMANN und HERZOG, 1980)

eigneter Erhaltungsäsung kann daher schließlich auch im Herbst
feist gewordenes Wild (z.B. bei spätem Frühjahr und hohen
Schneelagen) zur Erschöpfung und zum Verenden bringen. Verschiedene Autoren haben überzeugend nachgewiesen, daß die kleinen Arten wie Reh und Schwarzwedelhirsch die geringste Wider-
standskraft gegen Nahrungsmangel haben (BOROWSKI u. KOSSAK,
1975; GILBERT et al., 1970; PERZANOWSKI, 1978).

Über die physiologischen und biochemischen Unterschiede in der
Ernährungsweise bzw. Verdauung von Reh- und Rotwild haben vor
allem U. BRÜGGEMANN (1967) und BUBENIK (1971), über den Energie-
stoffwechsel des Rehes vor allem EISFELD (1974, 1976) sowie
WEINER (1977), des Rotwildes MALOIY (1968) sowie KAY und
GOODALL (1976) verläßliche Informationen gegeben. Die anatomische Differenzierung der Wiederkäuer in drei Haupternährungs-
typen (HOFMANN und STEWART, 1972; HOFMANN, 1973) hat sowohl
die anatomische wie physiologische Differenzierung auch der
europäischen Wildwiederkäuerarten gefördert. Für Reh- und Rotwild wurden die Grundlagen von HOFMANN und GEIGER (1974);
HOFMANN, GEIGER und KÖNIG (1976), DRESCHER-KADEN (1976),
HOFFMANN (1977), RAMISCH (1978) und für das Rotwild von HOFMANN
(1979) gelegt.
Für die Überlebensstrategie, die Energiebevorratung und die
Anpassung an die Mangelsituation des Winters ließen sich auch
eindeutige anatomische Anpassungserscheinungen nachweisen. So
vergrößert sich bei Reh- und Rotwild die nährstoffaufnahme-
fähige Oberfläche (Zotten) der Pansenschleimhaut im Vegetations-
optimum (HOFMANN et al., 1976; KÖNIG, HOFMANN und GEIGER, 1977),
während sie sich in der Mangelsituation des Winters aufgrund
der Rückbildung des Blutgefäßapparates (HOFMANN, 1976, 1979) und
der Verkleinerung bzw. Verringerung der Zotten reduziert. Eine
auch am Rotwild beobachtete Anpassung (MILNE et al., 1978) an
die geringere Nahrungsaufnahme im Winter konnte am Rehwild
quantifiziert werden (HOFMANN, 1978): es kommt im Winter zu
einer mindestens 20 %igen Verkleinerung des Pansens, der zur
Begünstigung der Herbstmast im Zeitraum der höchsten Nahrungsaufnahme sein maximales Fassungsvermögen mit etwa 5,5-6 Litern
hat. Länge und Fassungsvermögen des Darmes, Größe und rela-

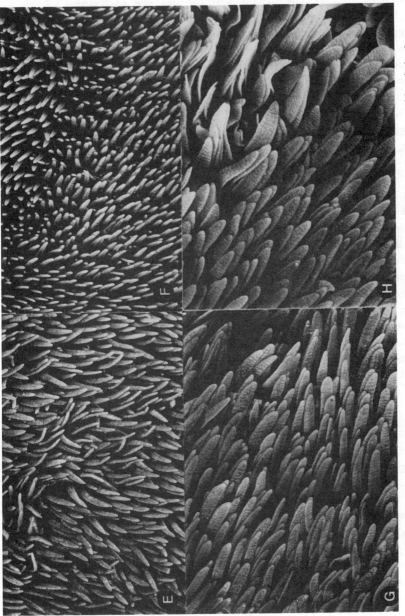

Abb. 5: Die Herbstmast-Simulation vermeidet energiereiche Nahrung im Winter, weil sich der Verdauungstrakt auf energiearme Erhaltungsäsung durch Verkleinerung des Pansens und Rückbildung der Zotten eingestellt hat. E,F: dünne "Hungerzotten" im Pansen des Rotwildes im Winter; G,H breite Resorptionszotten bei reichhaltiger Sommeräsung (identische Entnahmestellen; aus HOFMANN, GEIGER u. KÖNIG, 1976).

tives Gewicht der Speicheldrüsen stellen weitere wichtige
Glieder in der komplexen Reihe jahreszyklisch sich wandelnder
Anpassungsstrukturen an die Ernährungsstrategie dieser Tiere
dar, die Teil eines bei allen Wiederkäuerarten m.o.w. stark
variierten und spezialisierten Überlebenskonzeptes sind
(Übersicht bei HOFMANN und SCHNORR, 1982).

3. Bisherige Hegepraxis, Gegenströmungen und Alternativen unter den heutigen mitteleuropäischen Umweltverhältnissen

Es muß festgestellt werden, daß im Laufe der Jahre seit der
Wiedererlangung der jagdlichen Hoheit und weitgehend parallel
zu der Entwicklung des Jagdpachtmarktes eine ganze Reihe vor-
wiegend gesellschaftlich motivierter Jäger die Winterfütterung
nicht nur falsch verstanden und handhaben, sondern auch an die
Grenzen des Vertretbaren brachten. Die inzwischen mehr nach dem
Hörensagen als nach den tatsächlichen Fakten "umgesetzten" Ex-
perimentalergebnisse aus dem Gatter Schneeberg (VOGT, 1936)
brachten einige dazu, die Fütterung lediglich als Mittel zur
Erzielung starker Trophäen einzusetzen und provozierten bei
ideologisch konträr gepolten Kritikern des derzeitigen Jagd- und
Hegesystems die emotionell propagierte Auffassung, "die" Jäger
würden Hirsch und Reh auf Kosten des Waldes "mästen". Scheinbarer
"Beleg" dafür waren die Verbiß- und Schälschäden, die an den
meisten traditionell angelegten und beschickten Winterfütterungen
feststellbar waren.

Wenn man weiß, wie langsam sich neue Erkenntnisse wie z.B. die
verhaltensgerechte Anlage von Reh- und Rotwildfütterungen (wie
sie u.a. BUBENIK 1971 vorschlug) bei den Revierpraktikern durch-
setzen, wird verständlich, daß diese "Nebenwirkungen" der Winterfütterung noch nicht korrigiert waren, als der Trend einsetzte,
im Vorfeld der Novellierung des Bundesjagdgesetzes Hegemaßnahmen
prinzipiell in Frage zu stellen. Obwohl fast kein Jagdrevier in
Mitteleuropa, mit Ausnahme des Hochgebirges, noch eine natürlich
entstandene bzw. erhaltene Biotopstruktur aufwies, wurde plötzlich allein vom Wild erwartet, sich mit dem vom Menschen völlig

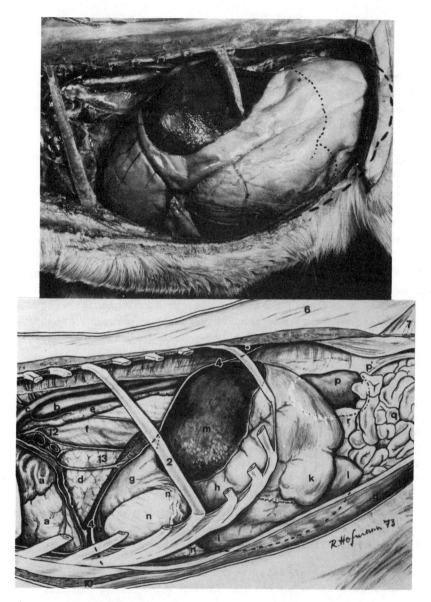

Abb. 6: Wie mehrere andere Wiederkäuerarten einschl. Rotwild
ist das Reh in der Lage, das Volumen seines Pansens
dem Nahrungsangebot anzupassen. Es erreicht im Herbst
(oberes Bild) sein Maximalvolumen (durchbrochene Linie)
und wird im Winter (Februar, unteres Bild) um 25-30 %
verkleinert (gepunktete Linie); aus HOFMANN, 1979
(Wildbiolog. Informationen Bd. II).

manipulierten, gleichwohl als "natürlich" bezeichneten Äsungsangebot zufriedenzugeben.

Als eine der immer naturinteressierter werdenden, aber biologisch kaum vorgebildeten Öffentlichkeit besonders ein-
leuchtende Behauptung wurde und wird in allen Diskussionen um
die Wildfütterung das Argument verwendet, die Gewöhnung des
Wildes an die Fütterung sei ein gefährlicher Schritt zur
Domestikation. Es bleibt erstaunlich, mit welcher Kritiklosig-
keit sich diesem Scheinargument auch zahlreiche biologisch
Vorgebildete anschlossen, ohne sich vorher an dem bereits vorhandenen Wissensstand zu orientieren. So wurde es notwendig,
daß sich der international hochangesehene Domestikations-
forscher HERRE mehrfach (1978 und 1980) zu dieser Frage aus-
führlich äußerte. Die Tatsache, daß seine Aussagen, die alle
diesbezüglichen Behauptungen und Spekulationen eindeutig wider-
legten, von Verbindungen oder Rücksichtnahme auf die Jagd oder
Jagdorganisation ebenso frei sind wie von ideologischer Prägung,
hat diese Argumente allmählich zum Verstummen gebracht, soweit
sie nicht wider besseres Wissen immer noch verwendet werden.

Es ist daher erstaunlich und keineswegs verständlich, wie die
fast ausschließlich emotionellen Begründungen für ein Fütterungsverbot so rasche Entsprechung in den Gesetzes- bzw. Verord-
nungsnovellen finden konnten, obwohl zu diesem Zeitpunkt bereits
wissenschaftliche Erkenntnisse (sowohl über die Domestikations-
frage wie über die Ernährungsphysiologie des Schalenwildes) vor-
lagen, die diese Argumente bei sorgfältiger Prüfung hätten ent-
kräften müssen. Der Mißbrauch einer jagdwirtschaftlich erprobten
und an sich positiven Maßnahme durch einige ist in vergleichbaren anderen Wirtschafts- und Lebensbereichen offenbar kein hinreichender Anlaß für den Gesetzgeber, so weitreichende und
generalisierende Einschränkungen zu verfügen.

Das läßt sich auch auf den Einwand ausdehnen, daß Fütterungen
vereinzelt ganz im gegenteiligen Extrem zur Kirrung und zum
wahllosen Zusammenschießen von Wildbeständen benutzt wurden
(und werden!).

Abb. 7: Seit vielen Jahrhunderten ist das Wild in Europa Nutznießer
menschlichen Ackerbaus gewesen, ohne deshalb irgendwelche
Domestikationserscheinungen zu zeigen. Nicht anders ist der
Lernprozeß zu beurteilen, den es durch zeitweilige Gewöhnung
an bestimmte Futterstellen durchmacht und tradiert.

(Foto Julius BEHNKE)

Als weiteres Gegenargument, das aber häufig unausgesprochen blieb, muß die Unterstellung angesehen werden, daß "die Jäger" die Fütterung nur zur Anhebung der Wildbestände auf eine für die Landeskultur bedrohliche Höhe mißbrauchen und schwaches Wild durchschleppen würden. Es wurde dabei wiederholt empfohlen, stattdessen die natürliche Wintersterblichkeit als Regulationsfaktor walten zu lassen. Diese von REULECKE als "Kadavermentalität" eingestufte Auffassung (die auch dem gesetzlich verankerten Anliegen des Tierschutzes zuwiderläuft) läßt außer acht, daß sich in unseren kleinen Wildlebensräumen vor dem Wirksamwerden derartiger Regulationsmechanismen zwangsläufig Wildschäden in erheblichem Ausmaß einstellen würden, deren Verhinderung seit langem einer der wohlbegründeten Anlässe für die Wildfütterung überhaupt gewesen ist.

Es hat auch nicht an Einwänden gefehlt, die sich auf ökologische Denkmodelle stützen wollten, und von der "künstlichen Einbringung fremder Primärproduktion" (dem Wildfutter) in das Ökosystem Wald sprachen. Da es sich bei unseren nachhaltig genutzten, eintönigen Wirtschaftswäldern aber nicht um vielgestaltige Urwälder, d.h. von Menschen unbeeinflußte Ökosysteme (REMMERT, 1982), handelt, ist angesichts der ständig in großen Mengen entnommenen Primärproduktion (Holzeinschlag, Läuterung etc.) eine derartige Argumentation indiskutabel.

Während eine bestimmte Gruppe soweit ging, jegliche Äsungsverbesserung nur als Gefahr hinzustellen, weil dadurch die Wildbestände erhöht würden, kam es andererseits dazu, der verpönten Wildfütterung die Anlage von Äsungsflächen und Wildäckern geradezu entgegenzusetzen. Es wurde der Jägerschaft eingeredet "wer füttert, handelt altmodisch und falsch, wer Äsungsflächen anlegt, handelt progressiv und richtig". Wo das im Extrem der Fall war und ist, erfüllen solcherart angelegte Äsungsflächen aber oft weniger die Funktion der Biotopverbesserung und der Bereitstellung besserer Äsung für das Wild. Sie haben dann neben einer Alibifunktion ("vorbildliche Hegemaßnahme") leider häufig nur den Zweck, das Wild dort (wo es sich am ehesten zeigt) sofort zu erlegen. Wenn in angrenzenden Revieren nicht ähnlich

Abb. 8: Rotwild ist in unserem Land ohne Fütterungsmaßnahmen
im Herbst und Winter nicht mehr zu erhalten, da ihm
Abwanderungen verwehrt sind und die notgedrungen ver-
ursachten Schäden an den Forstkulturen untragbar
wären. Es zeugt von Zynismus oder fehlendem Realitäts-
sinn, hier "natürliche Abläufe", d.h. Regulation durch
Verhungern zu fordern.

(Foto J. BEHNKE)

vorgegangen wird, kann dann sogar der zugewanderte "Überschuß"
aus den ersten Jahrgängen der Nachbarn erlegt werden - was die
"Nachhaltigkeit" hoher Abschüsse in einigen Revieren ebenso er-
klärt wie die bald bemerkbare Ausdünnung des Bestandes der An-
rainer; der Nachweis für derartige Abläufe ist dann stets aus
der Altersstruktur des gestreckten Wildes zu führen: nur Jährlinge und Zweijährige.

Es wäre an der Zeit, daß in all diesen Fragen, die das Stadium
der Spiegelfechterei längst erreicht haben, die Vernunft und
das sachliche Abwägen wiedereinkehren. Man muß sich ernstlich
fragen, welcher gravierende Unterschied eigentlich besteht
zwischen dem Ausbringen von Heu, Preßlingen oder Rüben an
Fütterungen einerseits und dem Anlegen und Abernten von spezifischen Wildäckern bzw. Äsungsflächen andererseits und ob es
"natürlich" und "nicht gefüttert" ist, wenn sich z.B. Reh- oder
Rotwild durch Freischlagen am Inhalt einer Miete bedient oder
sich das Gleiche aus einer Fütterung holt. Das unüberlegte und
maßlose "In-den-Wald-Schütten" von menschlichen Lebensmitteln
wie Brot oder nicht verkäuflichen Südfrüchten war stets eine,
auch bei der Jägerschaft verpönte Ausnahme. Sie wird aber immer
wieder verallgemeinert und behindert dadurch vernünftige, an
den Bedürfnissen des Wildes orientierte, lediglich stützende Hegemaßnahmen, die aufgrund der Gegebenheiten in vielen Fällen aus
einer sinnvollen <u>Kombination</u> von Biotopgestaltung und gezielte
Fütterungsmaßnahmen bestehen müßten.

4. <u>Die gesetzliche Ist-Situation, der Notzeitbegriff und die</u>
   <u>Reaktion der Jägerschaft am Beispiel Hessens</u>

Mehrere Vorschläge und Entwürfe vor der Novellierung des Bundesjagdgesetzes hatten ein <u>völliges</u> Fütterungsverbot gefordert, wobei die o.a. "Begründungen" gegeben wurden, begleitet von entsprechenden Kampagnen in den Medien. Das Bundesjagdgesetz
(BJagdG) vom 28.9.1976 bestimmte im § 28 (5) dann jedoch ledig-

- 23 -

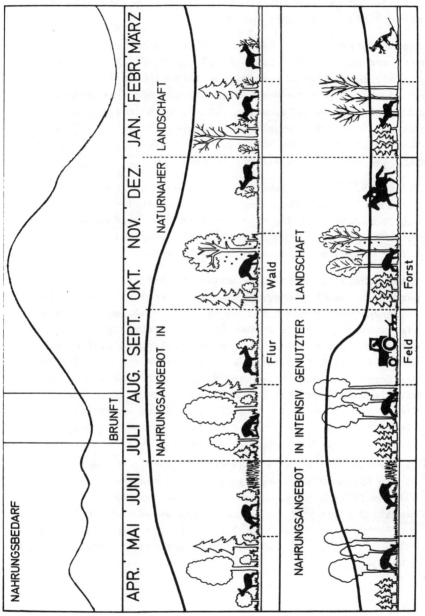

Abb. 9: Kontrastdarstellung von Bedarf und Angebot des Rehes in unserem Land (Zeichnung Dr. Franz MÜLLER)

lich als <u>mögliche</u> "Beschränkung in der Hege":
"Die Länder können die Fütterung von Wild untersagen oder von
einer Genehmigung abhängig machen".

Einige Bundesländer (wie Bayern) machten davon keinerlei Ge-
brauch, andere (wie Rheinland-Pfalz) verbanden ein Fütterungsverbot mit dem Notzeit-Begriff, der folgerichtig vor dem Hintergrund neuer und gesicherter wissenschaftlicher Erkenntnisse von
Grund auf neu zu definieren war. Das geschah in einem von diesem
Bundesland in Auftrag gegebenen Gutachten (R.R. HOFMANN und
A. HERZOG, 1980), dessen Definitionsbegriffe (1) und Zusammen-
fassung (2) nachstehend zitiert werden:

1. "Wiederkäuendes Schalenwild leidet (auch bei normalen oder
   geringen Dichten) Not, wenn es im artspezifischen Tages-
   und Jahresrhythmus die erforderliche Nährstoffmenge nicht
   aufnehmen kann und ihm die Anlage der ebenfalls artspezifischen Energiedepots nicht möglich ist".

2. "Die bisherigen Definitionenen des Begriffes "Notzeit"
   werden vor dem Hintergrund der deutschen Bundes- und Länder-
   Jagdgesetzgebung und ihrer Kommentare und Anwendung analy-
   siert. Dieser Analyse werden die heute vorherrschenden Um-
   weltverhältnisse in den deutschen Schalenwildrevieren und
   die neueren Erkenntnisse über die Physiologie und Biochemie,
   die genetische Adaptation und die Überlebensstrategie der
   Wildtiere aus der internationalen Literatur gegenübergestellt.
   Die bisher angewendeten und die neuerdings entwickelten Möglichkeiten zur Milderung der Notsituation des Wildes und zur
   Minderung bzw. Verhütung von Wildschäden werden diskutiert.

   Daraus ergibt sich eine Diskrepanz zwischen wissenschaftlichen Erkenntnissen und jagdlicher Gesetzgebung in Bezug
   auf das Fütterungsverbot und eine neue, an der tatsächlichen
   Mangelsituation und den Bedürfnissen des Wildes im Tages- und
   Jahresrhythmus orientierte Definition des Begriffes "Notzeit",
   dessen Anwendung auf tatsächlich überhöhte Wilddichten auszu-
   schließen ist".

Abb. 10: Wo mastgebende Bäume und Büsche fehlen, beginnt die Notzeit lange vor dem Winter; der Fichtenverbiß ist Notäsung, die durch Herbstmast-Simulation minimiert werden kann.

(Foto Julius BEHNKE)

Zu diesem Problem hatte sich in seiner Sitzung am 27./28.
Oktober 1977 bereits der Schalenwild-Ausschuß des Deutschen
Jagdschutz-Verbandes (DJV) e.V. konkret mit einer Empfehlung
geäußert, die nachstehend zitiert wird:

"In der Kulturlandschaft der Bundesrepublik Deutschland ist
eine Ergänzung der natürlichen Äsung zu bestimmten Jahreszei-
ten in vielen Regionen unumgänglich. Die vorliegenden Untersuchungsergebnisse haben bewiesen, daß die Maßnahmen zur
Äsungsverbesserung, einschließlich der Winterfütterung, Wildschäden in erheblichem Maße abzusenken vermögen und damit den
Forderungen des § 1 BJagdG Rechnung tragen. Dagegen darf die
Winterfütterung nicht der Anhebung von Wildbeständen dienen.

Im Hinblick auf die anstehende Novellierung der Landesjagdgesetze empfiehlt der DJV-Schalenwildausschuß dem Vorstand des
Deutschen Jagdschutz-Verbandes und den Landesjagdverbänden, in
den Landesjagdgesetzen auf eine Regelung der Fütterung des
Schalenwildes hinzuwirken, die folgendes beinhalten sollte:

1. Das Gebot, in Notzeiten zu füttern, muß aufrechterhalten
   bleiben;

2. die Fütterung zur Zeit der Vegetationsruhe (Winterfütterung)
   ist erlaubt. Für den Normalfall wird eine Begrenzung vom
   1. November bis 30. April empfohlen. Das Rehwild darf ab
   1. September gefüttert werden, sofern die Fütterungen für
   Hochwild nicht zugänglich sind (Ersatz für fehlende natürliche Herbstäsung zur Anlage von Winterfett);

3. eine Fütterung im Sommer (im Regelfall 1. Mai bis 31.
   Oktober) ist grundsätzlich untersagt; die Untere Jagdbe-
   hörde kann bei Vorliegen triftiger Gründe (z.B. erheblich
   Wildschäden) Ausnahmen gestatten;

4. Kirrungen (Körnungen) sind im Rahmen der technischen Möglichkeiten so zu gestalten, daß sie ausschließlich für
   Schwarzwild zugänglich sind".

Abb. 11: Kitze und Kälber werden in einer immer noch günstigen Er-
nährungssituation gesetzt, doch sinkt in vielen Revieren
das natürliche Äsungsangebot nach der Ernte abrupt so
stark ab, daß es ohne hegerische Ergänzung zum Energiedefizit, zum Wachstumsstillstand kommt.

(Foto J. BEHNKE)

Auch in diese Empfehlung, die Regelfälle anführt, ist die
Befürchtung eingeflossen, daß Fütterungsmaßnahmen zum Anlocken
besonders von Rotwild in der Brunft mißbraucht werden könnten.
Es steht aber fest, daß besonders die früher abgebrunfteten
älteren Hirsche, eigentlich aber das Rotwild generell, durch
ein Fütterungsverbot bis Ende Oktober in vielen Revieren an
der Herbstfeist-Bildung gehindert wird und daß sein unmittelbar nach der Brunft einsetzendes, erhöhtes Äsungsbedürfnis nicht
ausreichend (häufig auch nicht an Äsungsflächen) gedeckt werden
kann, so daß ihm als Alternative nur die Forstpflanzen dienen
können und Wildschäden resultieren.

Diese Fragen wurden auch in Hessen eingehend diskutiert und der
Referentenentwurf sah einen gangbaren Kompromiß vor. Die Ein-
wände des Naturschutzes gaben dann aber den Ausschlag, daß im
Hessischen Ausführungsgesetz zum BJagdG in der Fassung vom
24.5.1978 ein "Verbot der Sommerfütterung" ausgesprochen wurde,
das paradoxerweise aber bis zum 31.10. ausgedehnt wurde (Sommer-
ende 21.9.). Der Landesjagdverband Hessen nahm zu dieser Maßnahme in Form einer nachstehend zitierten Resolution Stellung,
die wesentlich dazu beitrug, eine erneute sachliche Nachprüfung
der wildbiologischen Voraussetzungen in diesem Bundesland zu
veranlassen:

RESOLUTION

"Das aufgrund der Ermächtigung in § 28 Abs. 5 Bundesjagdgesetz
auch in Hessen im Hessischen Ausführungsgesetz zum Bundesjagdgesetz i.d.F. vom 24. Mai 1978 (GVBl. I, S. 286) verankerte
"Verbot der Sommerfütterung von Wild" mußte in der hessischen
Jägerschaft Verwirrung und Widerspruch hervorrufen. Zum einen
ist die Formulierung des § 30 Abs. 2 Hess. Ausf.G.z. BJG unklar,
zum anderen widerspricht das Verbot der Wildfütterung in der
Zeit vom 1. Mai bis 31. Oktober gesicherten wildbiologischen
Erkenntnissen.

Die Delegierten der hessischen Jagdvereine, die rund 18.000
hessische Jäger = 90 % der hessischen Jagdscheininhaber ver-

treten, forderten daher in der Hauptversammlung des Landes-
jagdverbandes Hessen e.V. am 27. April 1979 eine Änderung des
§ 30 Abs. 2 Hess. Ausf.G.z. BJG zumindest dahingehend,

**daß Wild in der Zeit vom 1. Oktober bis 30. April gefüttert
werden darf.**

In seiner gegenwärtigen Form widerspricht § 30 Abs. 2
Hess. Ausf.G.z. BJG gesicherten wildbiologischen Erkenntnissen
sowie den Erkenntnissen, daß die Wildfütterung, neben der
häufig nicht möglichen Bereitstellung von Äsungsflächen, der
Wildschadensabwehr dienen kann und muß.

Wenn in Rehwildrevieren - und das sind 90 % der hessischen
Reviere - durch artgemäße Fütterung eine Simulation der Herbst-
feistzeit durchgeführt werden soll, wodurch der Winterverbiß
eindeutig und erheblich eingeschränkt wird, so dürfen solche
biologisch sinnvollen Bestrebungen nicht von vornherein durch
unsinnige zeitliche Limitierung vereitelt werden.

Darüberhinaus ist durch die derzeitige zeitliche Abgrenzung ein
praktisches Problem entstanden. Der Jäger ist einerseits durch
§ 25 Abs. 1 Hess. Ausf.G.z. BJG verpflichtet, in der Notzeit für
angemessene Wildfütterung zu sorgen, darf aber andererseits vor
dem 1. November nicht füttern. Wenn der Jagdausübungsberechtigte
seiner Verpflichtung aus § 25 Hess. Ausf.G. nachkommen will,
muß er rechtzeitig im Herbst Vorsorge treffen, d.h. Vorräte
beschaffen. Besonders geeignet und kostengünstig für die Wildfütterung sind u.a. Apfeltrester und Rüben. Diese fallen jedoch
im Oktober an. Mangels kostspieliger Lagermöglichkeiten haben
viele Jäger diese Vorräte bisher direkt ins Revier verbracht.
Dort werden sie aber sofort vom Wild angenommen, so daß sich
diese Jäger bei der derzeitigen Regelung des Fütterungsverbotes
strafbar machen würden.

Diese Überlegungen, insbesondere aber auch die neuesten wissenschaftlichen Erkenntnisse z.B. des Arbeitskreises Wildbiologie
und Jagdwissenschaft an der Justus Liebig-Universität Giessen,
sollten für den Gesetzgeber Anlaß sein, die Vorschrift des § 30
Abs. 2 Hess. Ausf.G.z. BJG nochmals zu überdenken und zu ändern".

Abb. 12: Oben der klassische Feisthirsch Anfang September, bei dem
durch intensive Nahrungsaufnahme und wenig Bewegung ("Heim-
lichkeit") alle Energiedepots gefüllt sind. Rechts oben
der abgebrunftete Hirsch Anfang Oktober, der alle Depots
geleert hat und von der Substanz zehrt. Für ihn muß die
Herbstmast sofort verfügbar sein, nicht erst am 1. November!
Das Kahlwild (rechts unten) hat trotz der Unruhe des Brunft-
betriebs immer wieder Äsung und Mast aufgenommen, doch wo
nichts ist, leiden besonders die Kälber Not.

(Fotos J. BEHNKE)

Bereits im Frühjahr 1978 wurde der AKWJ Giessen von der Obersten Jagdbehörde des Landes Hessen aufgefordert, eine Untersuchung in mehreren, möglichst unterschiedlichen hessischen Revieren zur Herbstmast-Simulation durchzuführen; sie mußte jedoch zunächst abgebrochen werden, da sich erst bei dieser Gelegenheit herausstellte, daß der Gesetzgeber es unterlassen hatte, selbst für staatlich geförderte, wissenschaftliche Untersuchungen eine Ausnahmegenehmigung zu ermöglichen. Als das im Jahre 1979 nachvollzogen worden war, konnten unsere Untersuchungen im September 1979 gesetzlich uneingeschränkt anlaufen.

In Absprache mit dem LJV Hessen und finanziert aus Mitteln der gesetzlichen Jagdabgabe der hessischen Jäger, beauftragte die Oberste Jagdbehörde des Landes Hessen den AKWJ Giessen, Untersuchungen durchzuführen, die von uns wie folgt näher definiert wurden:

(Auszug aus dem Antrag an das Ministerium)
"Versuch zur Simulation der Herbstmast bei Rehwild(und Rotwild) in Hessen, durch die die Verbißbelastung reduziert werden soll. Gleichzeitig wird an den im Untersuchungsgebiet erlegten Stücken die Menge des Darmfetts und dessen Abbau kontrolliert, im Stoffwechseltief der Einsatz von billigem Erhaltungsfutter erprobt und die Frequentierung von Forstkulturflächen bzw. Äsungsflächen aufgenommen (Dreiphasenfütterung: ab September Kraftfutter zur Feistbildung, im Stoffwechseltief nur Erhaltungsfutter, d.h. allmähliches Absetzen des Kraftfutters etwa Mitte Dezember, in der vegetationsarmen Periode des Stoffwechsel-Anstiegs (ab Anfang März) jedoch nochmals allmählich Kraftfutter, bis ausreichend Grünäsung verfügbar ist). Insgesamt gesehen sollen die Untersuchungen die Frage einer Revision des derzeitigen Fütterungsverbots-Zeitraumes (siehe Resolution des LJV Hessen) klären helfen".

Es wurden nach Genehmigung der Mittel jeweils im Sommer der Untersuchungsjahre 1979-1981/82 befristete Werkverträge mit den AKWJ-Mitgliedern Hannelore KÖHLER, Dr. Franz MÜLLER und Nicolaus KIRSTEN sowie mit einem Mitarbeiter von Prof.

Abb. 13: Ein besonders kritischer Zeitpunkt für das Wild ist das zeitige Frühjahr: die Energieansprüche steigen, das Äsungsangebot ist noch ärmlich. Nicht herbstfeist gewordenes Wild fällt – oder verbeißt verstärkt. Die Dreiphasenfütterung mildert durch allmähliche Zugabe energiereichen Futters. (Foto J. BEHNKE)

Dr. NEUMANN (Nährstoff-Analysen) geschlossen; Fahrtkosten und
Sachmittel wurden auf das absolut notwendige Minimum beschränkt.

Es muß bereits hier darauf hingewiesen werden, daß weder die
relativ geringen Mittel noch der relativ kurze Zeitraum ein
Ausmaß von Untersuchungen ermöglichten, wie wir es vom wissenschaftlichen Standpunkt aus als wünschenswert angesehen hätten.
Aus verständlichen Gründen mußte hier ein Kompromiß geschlossen werden.

5. Auswahl der Untersuchungsreviere in Hessen
   ## (Vergleichsreviere in Bayern und Rheinland-Pfalz)
   ## und deren allgemeine Charakterisierung

Bei der Auswahl der Untersuchungsreviere standen folgende
Forderungen im Vordergrund: Die selbst in den engen geo-
graphischen Grenzen Hessens vorkommenden, erheblichen Unterschiede bezüglich geologisch-klimatischer Grundbedingungen
sowie die aus der land- und forstwirtschaftlichen Prägung
resultierende Verschiedenheit der Landschaftscharaktere sollten
im Spektrum der Untersuchungsreviere ihren Ausdruck finden.
Auch die meist aus dem Freizeitverhalten der Bevölkerung resultierenden, unmittelbaren Einwirkungen auf die Lebensbedingungen
der in diesen Revieren vorkommenden Wildwiederkäuer sollte be-
rücksichtigt werden. Denn wo der Wald z.B. in der Nähe von
Ballungszentren zum Naherholungsgebiet bzw. in entlegenen Ge-
genden aus kommerziellen Gründen zur Fremdenverkehrsattraktion
oder, wie generell immer öfter zu beobachten, zur erweiterten
Sportstätte gemacht wird, reduzieren sich die Möglichkeiten des
Wildes, seinen natürlichen Lebensrhythmen zu folgen, erheblich.

Von den beteiligten Revierinhabern wurde Engagement für Wild
und Wald, Kooperationsbereitschaft und Zuverlässigkeit gefordert. Wie die Untersuchungspraxis später zeigte, hatte uns der

Zufall auch hier ein breites Spektrum beschert.

In Hessen wurden Erhebungen in 12 Untersuchungs- und einem
Vergleichsrevier, in Bayern in 2 Vergleichsrevieren und in
Rheinland-Pfalz in einem Vergleichsrevier durchgeführt und
entsprechendes Datenmaterial gesammelt und ausgewertet.

Die **Reviergröße** schwankte zwischen 100 ha (Rehwildpirschbe-
zirk) bzw. 133 ha (Rehwild-Versuchsgatter) und 2400 ha
(Rotwild-Revier).

Aus Gründen der Wahrung der persönlichen Sphäre der an den
Untersuchungen beteiligten Revierinhaber und des Datenschutzes
wird auf eine eingehende Identifizierung der Reviere im Rahmen dieses Berichtes verzichtet.

Die geographische Lage unserer Untersuchungsreviere erstreckt
sich vom südlichen Odenwald bis Hofgeismar im Norden, von den
Rhönausläufern im Osten über den Giessener Raum bis zu den
Westerwaldhöhen im Westen. Die Höhenlagen differieren zwischen
150 m und 550 m über dem Meeresspiegel.

Bei den Klimadaten ergeben sich folgende langjährige Mittel-
werte (1951-1970):
Eine Spanne von $7,7^{\circ}$ C - $8,9^{\circ}$ C bei der Jahresdurchschnitts-
temperatur mit Durchschnittswerten im Januar zwischen $0,3^{\circ}$ C
und $1,2^{\circ}$ C und $15,9^{\circ}$ C bis $17,8^{\circ}$ C im Juli.
Die Jahresniederschläge bewegen sich in einer Größenordnung
von 628 bis 1.073 mm. Die Summe der Neuschneedecke über den
gesamten Winter ergibt Werte von 38 cm bis 59 cm.
Geologisch finden wir Abstufungen von kargen skelettreichen
Buntsandsteinböden über Basalt- und Muschelkalk-Böden bis zu
fruchtbaren Lößauflagen.

Gemäß der Standortqualitäten, der Bodenbesitzverhältnisse, der
Infrastruktur und anderer Faktoren ergeben sich Differenzen
und Übergänge in der Bestockung von fast reinen Laubwäldern,
die auf Naturverjüngungsbasis bewirtschaftet werden bis zum
extremen Überwiegen von Nadelholz mit technokratischem Manage-

ment auf der Grundlage von Kahlschlagwirtschaft und Monokultur.

In der landwirtschaftlichen Nutzung reicht die Formenvielfalt
von professionellem Großagrariertum mit daraus resultierender
Großstrukturierung der Anbauflächen, Rückgang des Hackfrucht-
anteils am Gesamtanbau und totaler Ausräumung der Feldflur
(Beseitigung der Hecken und Raine aus Rationalisierungsgründen)
über kleinbäuerliche Betriebsstrukturen bzw. Nebenerwerbsland-
wirtschaft bis zu Gebieten überwiegender Sozialbrache, die
allenfalls durch 1-2malige Schafsbeweidung pro Jahr extensive
Nutzung erfahren.

Alle diese lokalen Aspekte verdichten sich zu einer komplizier-
ten, für jedes Revier spezifischen Gesamtproblematik, die jedoch
insofern gemeinsam angegangen werden konnte als sich zwei Fak-
torenkomplexe zum gemeinsamen Kardinalproblem herauskristalli-
sierten:

1. Die durch forst- bzw. landwirtschaftliche Nutzung verursachte
   Veränderung und Verarmung der Flora

   a) Reduktion des Laubholzanteils gegenüber dem
      Nadelholzanteil;

   b) Endnutzung der Bestände in einem Alter, in dem
      Bäume erst beginnen, voll zu fruktifizieren;

   c) Beseitigung fruchttragender Strauchflora im
      Rahmen der Nadelholzpflege;

   d) Schlagartige Beseitigung des üppigen Feldange-
      bots durch die Ernte im Spätsommer;

   e) Beseitigung von alten Obstbäumen, Büschen,
      Rainen, Feldgehölzen und Hecken zur Rationali-
      sierung der maschinellen Feldbestellung;

   f) Begradigung von Bach- und Flußläufen (wider
      besseres Wissen zum Teil noch üblich) und damit
      Vernichtung von Feuchtbiotopen und Auwäldern

Abb. 14: In derartig artenarmen Wintereinständen findet
weder Rot- noch Rehwild die notwendige Erhaltungsäsung und hat keine andere Wahl als Verbiß;
eine Herbstmast/Winterfeistbildung ohne Hegemaßnahme ist hier selbst bei minimalen Wilddichten
ausgeschlossen.

(Foto J. BEHNKE)

führt <u>im Herbst durch mangelnde natürliche Mast</u>
<u>zu einem Nahrungsengpaß</u> für unsere Wildwiederkäuer.

2. Die wachsende Verfügbarkeit von Freizeit in Kombination mit
   dem Trend zur Freizeitgestaltung in der freien Natur, und
   das bedeutet zumindest in Mitteleuropa fast stets in den
   Lebensräumen der freilebenden Wildtiere (z.B. Wandern, Wald-
   lauf, Reiten, Skiabfahrt und -Langlauf, Sammeln von Kräutern,
   Pilzen, Mineralien etc., Naturphotographie, Campen im Grünen
   und vieles mehr, gewisse Arten der Jagdausübung sollen nicht
   ausgespart bleiben) führen in unserem dicht besiedelten Land
   zu einer massiven <u>Beunruhigung</u> des Wildes durch den Menschen.
   Die damit verbundenen Störungen der physiologischen Rhythmen
   wirken sich unabhängig von den ökologischen und geophysi-
   kalischen Gegebenheiten der einzelnen Reviere bei unseren
   Wildwiederkäuern als Beeinträchtigung der Äsungsperiodik besonders negativ aus.

Da eine Biotopumgestaltung zugunsten des Wildes kurz- bis mittel-
fristig nicht erreichbar ist und wohl auch langfristig aus öko-
nomischen Gründen erhebliche Schwierigkeiten bereitet, sehen wir
es als gerechtfertigt an, die Nahrungsarmut unserer Wirtschafts-
wälder im Herbst und die drastische Reduzierung des Angebotes in
der Feldmark nach der Ernte durch Manipulationen wie Wildäckeranla-
lagen und Fütterungen zu mildern, zumal uns dies als der einzig
gangbare Weg erscheint, <u>gesunde</u> Schalenwildbestände zu <u>erhalten</u>
und gleichzeitig nennenswerte <u>Wildschäden</u> in Wald und Feld <u>zu</u>
<u>vermeiden.</u>

An dieser Stelle möchten wir zum wiederholten Male darauf hin-
weisen, daß diese Stützungsmaßnahmen sich unbedingt an den biologischen Bedürfnissen des Schalenwildes orientieren müssen, wenn
sie ihr Ziel nicht verfehlen sollen.

Das von uns angestrebte Modell besteht in der Kombination von
Wildäsungsflächen (Biotopverbesserung) und Fütterungen. Das
Ausmaß der beiden Komponenten, die sich gut ergänzen, jedoch nur
bedingt ersetzen können, ist von den jeweiligen örtlichen Faktoren abhängig.

Abb. 15: Eine kleine Gras-Äsungsfläche, geschützt mitten im Altholzbestand angelegt,
ermöglicht dem Rotwild das Austreten unter Tage – doch schon naht die nächste
Störung: Spaziergänger, Pilzsucher, Jäger ...   (Foto J. BEHNKE)

Seit mehreren Jahren hat der Giessener Arbeitskreis das Motto
vertreten: So viele Äsungsflächen wie möglich, so viel Fütterung
wie nötig! (HOFMANN und JAHN-DEESBACH, 1979).

6. Anmerkungen zur Untersuchungsmethodik

Erfaßt und dokumentiert werden sollten über den Zeitraum der
Untersuchungen in Hessen:

1. Das Äsungsangebot
2. Die Wildschäden an Nutzholzkulturen
3. Die Kondition des Wildes in den ausgewählten Revieren

Zu 1. Äsungsangebot

Hier war zunächst zu trennen zwischen dem Angebot aus der "natürlichen Vegetation", den Wildäsungsflächen und den Fütterungen.

Im regelmäßigen vierwöchigen Turnus wurden jeweils zwischen
August und April der Jahre 1978-82 die Untersuchungsreviere aufgesucht. Bei Revierfahrten und Pirschgängen wurden die jeweiligen
Maßnahmen der Revierpächter bzw. -Betreuer begutachtet und schriftlich fixiert. Dabei wurde in allen Revieren nach einem standardi-
sierten Verfahren vorgegangen. Es wurden Äsungsflächenkontroll-
bögen und Futterkontrollbögen verwendet, die als Muster angefügt
sind (siehe S. 43). Mengen und Qualität des jeweiligen Angebotes
wurden nach den in der Tierernährungslehre üblichen Kriterien ge-
prüft und schriftlich festgehalten. Dabei wurde die Sinnenprüfung
auf Geruch, Geschmack, Konsistenz und Wassergehalt durchgeführt.
Pflanzeninhaltsbestimmungen erfolgten mittels der "Weender Analyse", deren Ergebnisse jedoch im Hinblick auf den wahren Wert
von Futterpflanzen für die Ernährung unserer Wildwiederkäuer nur
sehr bedingt tauglich sind, da über die gerade für das selektive
Rehwild besonders wesentliche Verdaulichkeit der analysierten
Bestandteile keine verbindliche Aussage möglich ist (so werden
z.B. in der Kategorie "Rohfett" auch unverdauliche Wachse und
Harze einbezogen). Zur Ermittlung der Futterwerte wurde zusätzlich folgende Literatur herangezogen:

Dokumentationsstelle der Universität Hohenheim (1982)
DLG-Futterwerttabelle für Wiederkäuer
DLG-Verlag Frankfurt/Main

F.B. Morrison (1963)
Feeds and Feedings
The Morrison Publishing Company

K. Nehring, M. Beyer, B. Hoffmann (1972)
Oskar Kellner-Institut für Tierernährung,Rostock
Futtermitteltabellenwerte
Deutscher Landwirtschaftsverlag Berlin

Bei den Fertigfuttermitteln wurden die Analysenberichte der Hersteller zugrundegelegt.
So konnten die kalorischen Werte des zusätzlichen Nahrungsangebotes, wie es Wildäsungsflächen und Fütterung boten, mit einer für unsere Zwecke hinreichender Genauigkeit bestimmt werden.

Problematischer gestaltete sich die Beurteilung des Äsungsangebotes aus der "natürlichen Vegetation". Da die finanzielle und personelle Ausstattung des Projektes für exakte Untersuchungen in dieser Hinsicht viel zu gering war, mußten wir uns hierbei mit groben Einschätzungen zufrieden geben. Bei unseren Revierbereisungen beurteilten wir die Reviere bzw. deren "natürliches" Nahrungspotential nach folgenden Kriterien:

1) Feld-Wald-Verteilung

2) Land-und forstwirtschaftliche Nutzung,
   insbesondere daraus resultierende Pflanzenartenverteilung
   (z.B. Verhältnis Laubwald-Nadelwald, Weichhölzer etc.)

3) Altersklassenaufbau

4) Raumordnung, Strukturierung, Grenzflächenlänge

5) Bodenqualität, Pflanzengesellschaften

Alle diese Größen zusammen ergaben über die Dauer der Untersuchungen gesehen einen, wenn auch subjektiven, so im Vergleich der Reviere doch sicherlich brauchbaren Gesamteindruck.

Zu 2. Wildschäden an Nutzholzkulturen

In drei Rehwildrevieren wurden Verbißkontrollflächen angelegt, die zweimal im Jahr exakt vermessen wurden. Dabei wurde jeweils

im Herbst und im Frühjahr die Gesamthöhe der Kontrollbäumchen,
die Länge des Gipfeltriebes, der Verbiß von Gipfeltrieb,
erstem Astquirl und der Gesamtverbiß registriert und verglichen.
Ansonsten wurden in jedem Revier gefährdete Flächen zwei- bis
dreimal im Jahr begutachtet und der Grad des Verbisses durch
Stichprobenauszählungen geschädigter Pflanzen überschlagen.

Besonders detailliert erhobenes Datenmaterial zu diesem Problem-
kreis stand uns aus einem Bayerischen Vergleichsrevier zur Verfügung.

Zu 3. Wildkondition

Zur Beurteilung der Kondition der Tiere dienten zum einen direkte
Beobachtungen in den Revieren. Dabei wurden die "allgemeine Erscheinung", Größe, Rahmen, Beschaffenheit der Decke (ruppig-
glatt, verfärbt) und Ernährungszustand (rund-eckig, Sichtbarkeit)
der Knochenreferenzpunkte an Hüftbeinen, Wirbelfortsätzen, Rippen
usw. als Urteilsbasis angenommen. Es waren dadurch insgesamt
nur recht grobe Klassifizierungen noch am besten im direkten Vergleich beieinander stehender Tiere möglich. Jeder erfahrene Jäger
weiß um die praktischen Schwierigkeiten derartiger Beurteilungen.

Als weitere Beurteilungsgrundlage wurden die Wildbretgewichte
aller erlegten Stücke aus den Untersuchungsrevieren herangezogen.
Diesbezügliche Daten lagen auch aus der Zeit vor dem Untersuchungs-
zeitraum vor und wurden zum Vergleich herangezogen.

Als dritte Stütze der Konditionsbeurteilung, vor allem auch im
Hinblick auf die jahreszeitlichen Änderungen, wurde die Darmfett-
bestimmung nach HOFFMANN (1977) durchgeführt. Nach Absetzen am
Ende der Baufellfalte zwischen Zwölffingerdarm und Grimmdarm
wurden die Endportionen der Enddärme in einer 6 prozentigen
Formalinlösung fixiert. Bei der Präparation wurden die subserösen
Fettanteile sorgfältig von der Darm-Muskulatur isoliert. Nach
72 stündiger Trocknung im Trockenschrank bei 40°C wurden sowohl
Fettanteil als auch Darmwand gesondert auf einer Präzisionswaage
gewogen. Das Gewicht der Fettmenge F wurde zum eigentlichen
Darmgewicht D ins Verhältnis gesetzt und somit der Darmfettindex
F/D gebildet.

Datum: .... Beobachter: ....

Revier: ....

Standortbez.: ....

Standortbeschreibung: ....

....

....

....

Äsungsangebot	Menge (qm).(kg)	Qualität	Beäsungs-intensität
1 Kartoffeln	....	....	....
2 Topinambur	....	....	....
3 Kohl	....	....	....
4 Raps	....	....	....
5 Mais	....	....	....
6 Hafer	....	....	....
7 Weizen	....	....	....
8 Roggen	....	....	....
9 Klee-Gras	....	....	....
10	....	....	....
11	....	....	....
12	....	....	....
13	....	....	....
14	....	....	....
15	....	....	....

Schlüssel:

Qualität der Äsung :
(grobe Klassifiz.
Vegetationsstadium,
Pflanzenzustand etc.)

1 = gering
2 = xx mäßig
3 = gut
4 = sehr gut

Intensität der Beäsung :

0 = nicht
1 = schwach
2 = mittel
3 = stark
4 = total

Datum: .... Beobachter: ....

Revier: ....

Standortbez.: ....

Standortbeschreibung: ....

....

....

....

Fütterungstyp (Darbietungsform): ....

Futterangebot	Qualität	Menge	Annahmeintensität
1	....		
2	....		
3	....		
4	....		
5	....		
6	....		
7	....		
8	....		
9	....		
10	....		

Schlüssel:

Qualität:
Sinnenprüfung
Geruch
Optischer Eindruck
Feuchtigkeitsgehalt, etc.

gering = 1
mittel = 2
gut = 3
sehr gut = 4

Annahmeintensität:
nicht = 0
schwach = 1
mittel = 2
stark = 3
total = 4

Es sei an dieser Stelle betont, daß die über vier Jahre erhobenen Daten nur im Zusammenhang mit einer Fülle empirischer
Beobachtungen interpretiert werden konnten, die wertvolle Beiträge und Hinweise der jeweiligen Revier-Pächter bzw. -Betreuer
einschließen. Die im Verlauf der Untersuchungen angesammelten
zahlreichen Einzelbeobachtungen und Detailinformationen, die
sorgfältig protokolliert wurden, mögen unter dem Stichwort
"Untersuchungsmethodik" schwer klassifizierbar sein, sie haben
aber zur differenzierten Beurteilung wesentlich beigetragen.
Daß zudem unsere Untersuchungen vor dem Hintergrund einer in
Deutschland reichhaltigen, wenn auch häufig negativen Erfahrung
mit der traditionellen Winter-Fütterung stattfanden, die in
Nordamerika soeben "neuentdeckt" wurde (ÓZOGA und VERME, 1982),
hat dieses Projekt und seine Zielsetzung einerseits erschwert
und andererseits beflügelt.

Revier: Winter-Halbjahr 1

FUTTER-KONTROLL-BOGEN REHWILD

Futterautomat Nr. ____

Datum der Beschik-kung:	Wetterlage: (Ø Tagestemp.)	Futterzusammensetzung:	Menge: (kg)	Stückzahl Rehwild: (geschätzt)	Annahme 1-sehr gut bis 6-gar nicht	Kontr Datu

Standort: _____
Biotop: _____

geeignet für Kraft- / Saft-Futter
Fassungsinhalt: _____ cbm / kg

Abb. 16: Ein Hauptargument gegen die rechtzeitig einsetzende Herbstmast-Simulation für Rehe
(spätestens Anfang September) war und ist ihr
angeblicher Mißbrauch zum Anlocken von Rot-
hirschen. Kälberställe mit 17 cm Abstand bzw.
lattenbewehrte Futterstellen wie hier verweh-
ren dem Rotwild den Zugang und ermöglichen
den Rehen die Futteraufnahme.

7. Ergebnisse
==========

7.1. Wildäsungsflächen:

Um Mißverständnissen vorzubeugen, erscheint es uns angebracht,
zuerst einige grundsätzliche Erklärungen zu geben.
Nach der Art der Bewirtschaftung unterscheiden wir zwischen
<u>Dauergrünland</u> und <u>Wildäckern</u>. Letztere können einjährig oder
mit den entsprechenden Nutzpflanzen (z.B. Rotklee, Luzerne,
Topinambur, Waldstaudenroggen etc.) auch mehrjährig nutzbar
sein.

Nach der Art der Nutzungsmöglichkeit durch das Wild unterscheiden wir zwischen Flächen zur Bereicherung des <u>Frühjahr-Sommer-
angebots</u> und solchen, die der <u>Herbstmast</u> dienen. Eine weitere
Kategorie bilden Flächen, die dem Angebot eines <u>Wintererhaltungs-
futters</u> dienen. Ein allzuoft nicht in Betracht gezogenes Dif-
ferenzierungskriterium ist die Frage, welche Wildarten an dem
Angebot in welchem Maße partizipieren sollen. Selbst bei der
im Rahmen unserer Arbeit erfolgten Beschränkung auf die Wildwiederkäuer Rotwild und Rehwild treten nicht zu übersehende Diskre-
panzen im physiologischen Nahrungsanspruch auf.

Je nach Art der Anlage kann einem bis mehreren der zuvor erhobenen Ansprüche Genüge getan werden.
Einer Vielzahl von Zielsetzungen gleichzeitig versucht der sogenannte "Wildackereintopf" (Mischkultur einer Vielzahl landwirtschaftlicher Nutzpflanzen) nach RAUWOLF, FUNK u.a. gerecht zu
werden.

Wie weit die Möglichkeiten der einzelnen Kulturen reichen und in
welcher Form bzw. bis zu welchem Grad sie uns als sinnvoll und
akzeptabel erscheinen, soll nachfolgend dargelegt werden.

Vorab wird jedoch eine vereinfachte Darstellung jener Analyse
gegeben, die jeder Anlage von Äsungsflächen vorausgehen sollte:

1. Welche Wildarten sollen am Angebot teilhaben?

2. Wo und wann besteht der Nahrungsengpaß?

3. Wie groß sind die zur Verfügung stehenden Flächen?

Abb. 17: Die Hauptgrundlage der Sommeräsung des Rotwildes ist
gutes Gras, wie es auf Schneisen und Waldwegen wächst
und in kleinen Äsungsflächen in den Beständen ohne
viel Aufwand bereitgestellt werden kann. Saure Wiesen
mit harten Gräsern und ungepflegte, versauerte Flächen
bieten ihm nichts.

(Foto J. BEHNKE)

4. Wie liegen sie im Hinblick auf die Wildeinstände?

5. Wie sind die Standortverhältnisse (Bodenqualität, Klima, Lichteinstrahlung etc.) zu bewerten?

6. Welche Bodenbearbeitungsmöglichkeiten sind vorhanden?

7. Welche Pflanzen sind in der Lage, geforderte ernährungs-physiologische Leistungen zu erbringen?

Nach der Klärung dieser Fragen wird unter Einbeziehung einer Orientierung an der ortsständigen Landwirtschaft das Spektrum der in Frage kommenden Möglichkeiten klar abgegrenzt sein. Man wird von vornherein übertriebene Erwartungen reduzieren und sich Enttäuschungen ersparen können.

Wildäsungsflächen:

I Dauergrünland   II Einjährige   III Mehrjährige
                       Wildackeranlagen   Wildackeranlagen
(Verbißgehölze können
im weiteren Sinne in
die Kategorie Dauergrün-
land eingeordnet werden)

Ernährungsanspruch:

1) Saisonale Unterscheidung: Artenbedingte Unterscheidung:

   Frühjahr-Sommeräsung   Rehwildäsung
   Herbstmastäsung   Rotwildäsung
   Wintererhaltungsäsung

Selbstverständlich sind die Abgrenzungen nicht so starr wie es hier erscheinen mag. Fließende Übergänge sowie Überschneidungen kommen häufig vor.
Es gilt den für die speziellen Revierverhältnisse optimalen Kompromiß zwischen den verschiedenen Forderungen zu finden.

In den von uns betreuten Untersuchungsrevieren ergaben sich die nachstehend aufgeführten Angebote bzw. Erfahrungen.

Spätwinter-Frühjahrsäsung:

Neuausschlag überwinternder Brassica-Arten
(Westfälischer Furchenkohl, Raps)

Saat des Wintergetreides, Waldstaudenroggen im 2. Jahr.
Frühaustreibende Kleearten im 2. Jahr. Knollen vom Topinambur.
Reste von Runkelrüben und Zuckerrüben.

Meist war im Spätwinter jedoch kaum mehr etwas an Vegetation
vorhanden, so daß dieses Äsungsangebot als sehr bescheiden
eingestuft werden mußte.

Frühjahr-Sommeräsung:

Meist keine Stützung notwendig, da im Überfluß vorhanden.
Ausnahmen bilden Nadelholzwirtschaft mit Zaunschutz vieler
Jungkulturen und andere Sonderfälle.
In Betracht kommt aber öfters eine Qualitätsaufbesserung
(Düngung, Schnitt, Neueinsaat) vorhandener Grünflächen.
Während bei Flächen für das Rotwild die Gramineen im Gras-
Kräutergemisch dominieren können, sollten für das Rehwild ange-
legte Flächen weniger Obergräser, dafür mehr Kräuter, insbe-
sondere Leguminosen enthalten.

Herbstmastäcker:

Früchte, Samen, Wurzelspeicherorgane mit hohem Fett-, Eiweiß-
und Kohlehydrat-Anteil und mit wenig Rohfaser bzw. Gerüstsubstanz.
Diese energetisch hochwertigen Pflanzenteile begünstigen die Fettablagerung (Herbstfeiste).

Leguminosen-Samen:

Erbsen, Bohnen, Wicken, Süßlupinen, Linsen, Kleesamen etc.

Getreidearten:

Hafer, Roggen, Waldstaudenroggen, Weizen, Mais, Buchweizen

Speicherorgane:

Futterrüben, Zuckerrüben, Gehaltrüben, Kohlrüben, Futtermöhren,
Topinamburknollen, Kartoffeln.

Die für eine Herbstmast oft zitierten Brassica-Arten (Westf.
Furchenkohl, Blattstammkohl, Raps, Rüben, Senf-Arten) können auf
diesem Gebiet nur bedingt etwas leisten, als Wintererhaltungs-
futter stellen sie allerdings wegen ihrer Frosthärte ein sehr
gutes Angebot dar.

Da das Dauergrünland zur Herbstmast keinen wesentlichen Beitrag leistet (Absinken des Nährstoffgehaltes, Reduktion der Verdaulichkeit schon zu einem Zeitpunkt vor dem Höhepunkt der Futteraufnahme und der daraus resultierenden Feistablagerung der Wildwiederkäuer), wollen wir uns bei der Besprechung der Kultivierungsformen auf die Wildäcker beschränken.

Neben der einjährigen (Hafer, Rüben, Mais) und der mehrjährigen Kultivierung (Waldstaudenroggen, Luzerne, Klee etc.) unterscheiden wir zwischen Reinkultur und Mischanbau landwirtschaftlicher Nutzpflanzen.
Bei der Reinkultur (bei der durchaus auch einige sich begünstigende oder zumindest nicht konkurrierende Pflanzen gemeinsam kultiviert werden sollten), propagieren wir die sog. Kleinparzellenwirtschaft, bei der die Gesamtfläche des Wildackers in mehrere unterschiedlich bebaute Kleinparzellen unterteilt wird.

Vor- und Nachteile beider Kulturformen werden nachfolgend tabellarisch zusammengefaßt.

Wildackerkulturen:

I. Reinkultur landwirtschaftlicher Nutzpflanzen bzw. Pflanzengruppen in Kleinparzellen-Wirtschaft

Vorteile:

a) Gefächertes Angebot auf engem Raum
b) Gezielte Maßnahmen für einzelne Pflanzenarten möglich
   (z.B. Zaunschutz, Saattermin, Düngung, evtl. Spritzung, Hacken)
c) Zwischenfruchtanbau möglich
d) Bei mehrjährigen Pflanzen Einzelparzellen zwei- bis mehrjährig nutzbar
e) Pflanzen nutzbar, die nicht in Mischkultur gedeihen
f) Grenzstrukturreich, Abwechslung von hoher und niederer Vegetation. Günstig für Niederwild.

Nachteile:

a) Arbeitsintensiv
b) Schwarzwild und Rotwild können Kleinparzellen bevorzugter Pflanzen leicht übernutzen bzw. zerstören.

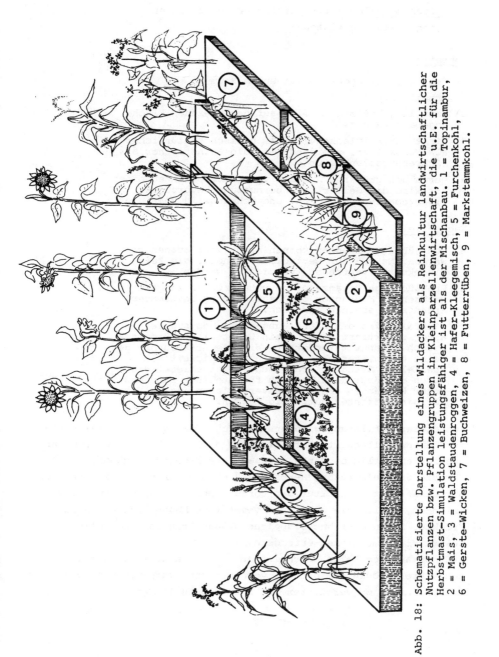

Abb. 18: Schematisierte Darstellung eines Wildackers als Reinkultur landwirtschaftlicher Nutzpflanzen bzw. Pflanzengruppen in Kleinparzellenwirtschaft, die u.E. für die Herbstmast-Simulation leistungsfähiger ist als der Mischanbau. 1 = Topinambur, 2 = Mais, 3 = Waldstaudenroggen, 4 = Hafer-Kleegemisch, 5 = Furchenkohl, 6 = Gerste-Wicken, 7 = Buchweizen, 8 = Futterrüben, 9 = Markstammkohl.

II. Mischanbau landwirtschaftlicher Nutzpflanzen
(sog. Wildackereintopf)

Vorteile:

a) Sehr breites Spektrum auf engem Raum

b) Arbeitsextensiv

c) Kann in jahrelanger Folge auf der gleichen Fläche angebaut werden.

d) Wirkt durch Pflanzenvielfalt optisch "natürlicher" als Monokultur, zumindest im Wald ästhetischer als "Schrebergartenkultur".

e) Durch den größeren Abstand von Einzelpflanzen einer Art wird die Gefahr der Übernutzung bevorzugter Pflanzenarten durch Rot- und Schwarzwild verringert.

Nachteile:

a) Mehrjährige Pflanzen können nicht voll ausgenutzt werden. Es muß auf wertvolle Pflanzen, die keine Mischkultur vertragen, verzichtet werden.

b) Frohwüchsige Pflanzenarten unterdrücken langsam wachsende; Maßnahmen zur Begünstigung bestimmter Arten sind schlecht möglich.

c) Vielfalt wird oft nicht ausgenutzt, da spezielle Arten selektiert werden, ein Großteil der Biomasse jedoch ungenutzt verrottet. Wie die Erfahrungen gezeigt haben, bestehen hier in Abhängigkeit vom speziellen Standort erhebliche Unterschiede, die durch den örtlichen Versuch feststellbar sind und unter Umständen erhebliche Variationen der üblichen "Originalrezepte" notwendig machen.

Aus dieser Auflistung wird ersichtlich, daß sowohl der Reinkultur in Kleinparzellenwirtschaft als auch der Mischkultur je nach den speziellen örtlichen Verhältnissen ihre Bedeutung zukommt. Für die Spezialaufgabe "Herbstmast" müssen wir der Kleinparzellenwirtschaft mit Reinkultur den Vorzug geben, da unsere Kulturpflanzen, sollen sie nicht nur vegetative Masse, sondern auch Früchte, Samen oder Wurzelspeicherorgane bringen, spezielle Kultivierungsmaßnahmen erfordern. Auf der anderen Seite erscheint es uns im Wald, wo auch meist schlechtere Böden dominieren, vernünftiger, auf anspruchsvolle Pflanzenarten zu verzichten und stattdessen im Herbst früh genug Herbstmastäsung beizufüttern.

Wir sehen eine gewisse Schizophrenie darin, daß ein bis in den September eingezäunter Rüben- oder Maisacker mitten im Wald nach landläufiger Meinung und Gesetzgebung noch als "natürlich" und legal angesehen wird, während eine Wildwiese mit einer dezent in Deckung gehaltenen Fütterung (speziell beim Rehwild mit kleinen unauffälligen Futterautomaten) den Mangel zwar bestens ausgleicht, jedoch im Vergleich mit dem Wildacker als künstliche Maßnahme hingestellt und verboten wird. Da die prinzipielle Notwendigkeit der Äsungsaufwertung in unseren Nutzwäldern (siehe Notzeitdefinition) wohl kaum mehr bestritten werden kann, sollte dem jagenden Bürger auch freigestellt bleiben, sich an den gegebenen Revierverhältnissen zu orientieren und die jeweils sinnvollste Methode selbst zu wählen.

Einige Daten dazu aus unseren Untersuchungsrevieren:

Rotwildreviere: 80-100 % Waldanteil

Revier	Wildäsungsflächen in % der bejagbaren Revierfläche	Davon von Dauergrünland in %	Davon von Wildäcker in %	Davon von Verbißgehölz in %
A	1,4 %	50 %	43 %	7 %
B	1,2 %	67 %	31 %	1 %
C	1,2 %	100 %	–	–
D	0,8 %	42 %	30 %	28 %

Rehwildreviere: 23-100 % Waldanteil

Revier	Äsungsfläche in % der Revierfläche	Äsungsfläche in % des Waldanteils der Revierfläche	Davon Dauergrünland in %	Davon Wildäcker in %
A	0,7 %	0,7 %	83 %	17 %
B	0,3 %	1 %	–	100 %
C	1,2 %	1,2 %	62 %	38 %
D	–	–	–	–
E	0,3 %	0,4 %	–	100 %
F	0,1 %	0,4 %	17 %	83 %
G	0,3 %	0,8 %	–	100 %
H	0,5 %	0,5 %	75 %	25 %

Die vorangegangenen Zahlen deuten schon an, wie unterschiedlich
das Hegekonzept der einzelnen Revierinhaber ist. Während die
Mehrzahl eine Kombination von Dauergrünland, Wildäcker und zum
Teil auch noch Verbißgehölzen für ihre Revierverhältnisse be-
fürworten, erscheint anderen entweder Grünland oder Wildacker
für ihre Gegebenheiten als uneffektiv.
So wird z.B. im Rotwildrevier C das gesamte, als Äsungsfläche
zur Verfügung stehende Land als Dauergrünland bewirtschaftet.
Die skelettreichen Böden in zum Teil extremer Hanglage sprechen
gegen eine Beackerung. Unvermeidbare Schutzmaßnahmen gegen vorzeitigen Verbiß würden den notwendigen Aufwand bei einer Nutzung
der Flächen als Wildäcker weiter erhöhen.
Mit den gleichen finanziellen Mitteln, die der Revierinhaber
bei der Nutzung der Flächen als Äcker aufwenden müßte, kann er
das 2-3fache der möglichen Erntemenge an Futter kaufen und ausbringen. Werden außer Getreide, industriellen Fertigfuttermitteln
und Rüben die noch kostengünstigeren Nebenprodukte von Mühlen-
betrieben, Brauereien, Fruchtkeltereien und Zuckerfabriken mit-
eingesetzt, wird diese Methode noch wirtschaftlicher. Ein weiterer
Vorteil ist, daß die Gesamtheit der Äsungsflächen dem Wild über
die gesamte Vegetationsperiode zur Verfügung steht. Der Nachteil,
den diese Bewirtschaftungsform bei der derzeitigen Jagdgesetzgebung (Fütterungsverbot) mit sich bringt ist, daß im Herbst
nicht rechtzeitig Mastäsung vorhanden ist. Ob man diesen Revierinhaber in Zukunft mittels einer fragwürdigen Gesetzesvorschrift
doch dazu bewegen sollte, seine attraktiven, das ganze Jahr über
frei zugänglichen Waldwiesen in halbjährig drahtbewehrten Plan-
tagen umzugestalten, um mit unnötigem finanziellem Aufwand und
negativ zu beurteilender Landschaftsbeeinträchtigung den physiologischen Lebensrhythmen des Wildes gerecht zu werden, bedarf
eigentlich keiner Erörterung.

Im krassen Gegensatz dazu steht in den meisten gemischten Feld-
Wald-Revieren genügend Grünfläche durch die Landwirtschaft zur
Verfügung. Bei entsprechenden Böden ist es dort auch wirtschaftlich interessant, dem Wild die Herbstmast sowie das Erhaltungsfutter für den Winter in Form von Wildäckern anzubieten.

In den Rehwildrevieren B, E und G verzichtet man z.B. ganz auf
Dauergrünland im Rahmen der Wildäsungsflächen. Der Pächter von
B experimentiert seit Jahren mit "Wildackereintopfmischungen"
der verschiedensten Zusammensetzungen, kommt jedoch mehr und
mehr auf kleinparzellierte Reinkulturen zurück, denen er einen
höheren Nutzungsgrad durch das Wild bescheinigt. Der Pächter von
G bebaut die Gesamtheit der ihm zur Verfügung stehenden Fläche
mit hochwertigen, energiereichen Nutzpflanzen. Er hat jeden seiner
Äcker in vier Parzellen geteilt, von denen jeweils eine mit Mais,
Zuckerrüben-Futterrübenmischung, Westfälischen Furchenkohl und
Rotklee bebaut wird. Schon seit Jahren hält er diese Bewirtschaftung bei, wobei in der Fruchtfolge natürlich jedes Jahr die
Parzellen gewechselt werden (der 2-jährige Furchenkohl und der
Rotklee bleiben 2 Jahre auf der gleichen Parzelle). Dieses Konzept hat sich sehr gut bewährt, erfordert aber auch gute Böden
und einen erheblichen Bearbeitungsaufwand. Problematisch ist in
diesem Revier die exponierte Lage der Wildäcker im Feld, weil
sich dort zahlreiche Spaziergänger bewegen. Das Rehwild kann die
Wildäcker praktisch nur im Schutze der Dunkelheit aufsuchen. Der
Revierpächter reagierte im letzten Jahr auf die weiterhin wachsende Beunruhigung im Revier, indem er die Hälfte der angepflanz-
ten Runkel- und Zuckerrüben erntete und ca. 150 m vom Wildacker
entfernt im nahegelegenen Wald auslegte, wo sich das Wild im
Schutze des vorhandenen Unterwuchses auch tagsüber bedienen konnte.
Die Annahme war sofort außerordentlich gut. Wir sehen hier einen
notwendigen, fließenden Übergang vom Wildackerangebot zur Fütterung. Puristischen Fütterungskritikern sei die Frage gestellt,
von welchem Punkt ab man hier mit sachlicher Berechtigung von
einer verwerflichen "künstlichen" Maßnahme sprechen könnte?

Im Rotwildrevier A bestehen die Flächen im Waldesinneren zum
größten Teil aus Dauergrünland, den Rest bilden Äcker mit
extensiver Bewirtschaftung (Topinambur, Waldstaudenroggen, Wildackereintopf etc.). Am Waldesrand zum Feld hin liegen die intensiv genutzten Äcker (Mais, Kartoffeln, Kohl, Getreide etc.). Grünland ist hier im Feldteil des Revieres in großem Maße ohnehin
durch die Landwirtschaft vorhanden, es kann ob der vielen mensch-

lichen Störfaktoren jedoch vom Rotwild ausschließlich spät genutzt werden. In einer geschickten Raumordnung sind die meisten
Wildäsungsflächen in den Wechselbereich Einstand-Feld eingebaut,
um die Zeit zu überbrücken, in der das Wild aufgrund der schon
erwähnten Störungen nicht in die Wiesen außerhalb des Waldes
ziehen kann.

Im Rehwildrevier H (Rotwild kommt sporadisch als Wechselwild vor)
hat der Revierpächter in mühevoller Kleinarbeit im Wald auf Holz-
abfuhrwegen, Wendeplätzen und Holzlagerplätzen eine Menge kleiner
Grünlandinseln geschaffen, die von ihrer räumlichen Anordnung
her dem Sozialverhalten des Rehwildes sehr entgegenkommen. Trotzdem blieb eine gute Annahme durch das Wild aus, weil der Revierpächter zu viele faserreiche Obergräser und zu wenig Kräuter aus-
gesät hatte. Dies soll nun nach und nach geändert werden, um auch
von der Pflanzenartenzusammensetzung dem Äsungsanspruch des Rehwildes besser gerecht zu werden.

Im Rehwildrevier A, wo der Grünlandanteil mit 83 % sehr hoch
liegt, ist ein Teil der Flächen in einem so schlechten Pflegezu-
stand (versauert, harte Gräser und Seggen etc.), das sie vom
Wild ungern aufgesucht werden und somit nur statistische Alibifunktion erfüllen.

Im Rotwildrevier D sind die Wildäsungsflächen in den letzten
Jahren leider mit dazu genutzt worden, das Rotwild als Standwild
auszurotten. Es kommt nur noch hin und wieder als Wechselwild
vor, von einer regulären Bewirtschaftung kann keine Rede mehr
sein. Da das kein Einzelfall ist, soll man sich durch das Anlegen
oder Vorhandensein von Äsungsflächen allein nicht mehr täuschen
lassen. Besonders das Rotwild meidet sehr bald jene Flächen, die
nur zur Reduktion oder zum optischen Nachweis von Hegemaßnahmen
angelegt wurden.

Die in manchen unserer Untersuchungsreviere vorhandenen Verbißgehölze wurden auch einer kritischen Betrachtung unterzogen. Aufgrund von Massenzuwachskalkulationen sowie Nährstoffgehaltana-
lysen zu Zeiten des Nahrungsengpasses im Frühjahr bzw. zu Beginn
der Vegetationsperiode zeigten erneut, daß diese Form des Äsungs-

Abb. 19: Im Sommer deckt das Reh selektiv seinen Nahrungsbedarf vor-
wiegend aus der Krautschicht, die Bedeutung der Verbißgehölze ist überbewertet worden (siehe Text); dagegen werden im
Fortgang des Jahres die Früchte zahlreicher Büsche (wie
hier Holunderbeeren) schon im grünen Zustand geäst, weil
sie nährstoffreich und leicht verdaulich sind. Sie trugen
früher wesentlich zur Herbstmast bei.

(Foto J. BEHNKE)

angebotes in der jagdlichen Literatur bei weitem überbewertet
wird. Zumindest die kalorische Bedeutung der durch die Verbißgehölze zur Verfügung stehenden Äsung ist gering und rechtfer-
tigt den meist erheblichen Aufwand zur Gründung und Erhaltung
solcher Anlagen kaum oder nicht. Wie groß der diätetische Wert
der Knospen, Rinden und Sprosse für das Wild ist, konnte in
diesem Rahmen nicht untersucht werden; nur auf diesen beziehen
sich die empirisch begründeten Empfehlungen in der Fachliteratur.

Die in unseren Untersuchungsrevieren auch vom Rehwild gerne
angenommenen Pflanzenarten dieser Gruppe seien trotzdem erwähnt:
Pfaffenhütchen, Liguster, Hainbuche, Mehlbeere und Salweide.
Diverse andere Weidenarten (z.B. die immer wieder gerühmte
Küblerweide und Purpurweide) wurden nur vom Rotwild beäst.

Um dem Leser eine Vorstellung zu vermitteln, in welcher Größenordnung sich die Biomasse bewegt, die dem Wild durch die Äsungsflächen zur Verfügung gestellt wird, seien hier einige Zahlen-
werte genannt. Wir wollen uns dabei auf 1000 m² Anbaufläche
beziehen, um uns in dem üblichen Größenbereich von Wildäckern
zu bewegen.

Pflanzenart	Blattmasse dz/1000 m²	Fruchtmasse dz/1000 m²
Klee – Gras	20–45	
Topinambur	40–60	
Zuckerrüben	15–45	
Gehaltsrüben	15–40	
Kohl/Raps	25–50	
Buchweizen	15–30	1,2–2
Erbsen	20–30	1,5–3
Mais		3–7
Hafer		3–5
Weizen		3–6

Bei der geforderten und in vielen Revieren auch vorhandenen
Größe von ca. 1 ha Äsungsfläche pro 100 ha Wald kann sich jeder
leicht errechnen, welche enorme Menge an Biomasse hiermit angeboten wird (die natürlich allen wildlebenden Tieren zugute kommt).
Daß es dadurch zu einer erheblichen Entlastung forstlicher Nutz-

holzkulturen kommt, ist offenbar und sollte nicht immer wieder
betont werden müssen.
In unseren Untersuchungsrevieren konnten sich bei extensiven
Bewirtschaftungsformen folgende Pflanzenarten am besten be-
haupten und bewähren: Topinambur (man beachte die Sortenunter-
schiede, insbesondere die Sorte Bianca, wie sie u.a. CLAUSSEN
empfiehlt), Waldstaudenroggen, Buchweizen, Hafer, Leguminosen
(Erbsen, Süßlupinen, Sojabohnen), Futterraps und bedingt Wild-
ackereintopf. Bei intensiver Bewirtschaftung entsprechend guter
Böden erweiterte sich das Spektrum. Neben den üblichen Getreide-
Leguminosen-Mischungen spielten die verschiedenen Kohlsorten,
Mais und Zucker- sowie Runkelrüben die tragende Rolle.

7.2. Die Fütterung

7.2.1. Die Rehwildfütterung:

Grundkonzept für die Rehwildfütterung war die 3-Phasenfütterung
nach HOFMANN (1979), d.h. Verabreichung von Kraftfutter ab Anfang September. Langsames Ausschleichen der Kraftfuttergaben
ab Mitte Dezember mit gleichzeitig verstärktem Angebot von Erhaltungsfutter (entsprechend der winterlichen Vegetation mit
geringem Energiegehalt, z.B. Apfeltrester, Rübenschnitzelsilage
usw.).
Ab Mitte Februar bis zum Beginn der neuen Vegetationsperiode
erneute allmählich ansteigende Kraftfutterzugaben unter Beibe-
haltung der Erhaltungsfütterung. Jedoch hielten wir an diesem
Grundkonzept nicht übertrieben starr fest, da wir der Prakti-
kabilität im Revier den absoluten Vorrang gaben. Die Futterum-
stellung sowie die Verabreichung von Saftfutter mittels Futterautomaten oder auch mehrmals wöchentlich als Trogfütterung machte
in einigen Revieren Schwierigkeiten, so daß wir dort schließlich
darauf verzichteten. Vor allen Dingen in Revieren, in denen aus
Zeitgründen nur am Wochenende kontrolliert werden konnte, hielten
wir es letztendlich für besser, die völlig sicher funktionierende
Trockenfuttergabe in Automaten von Anfang bis Ende der Fütterungssaison durchzuhalten.
Wir rechneten mit jeweils einer Fütterung auf ca. 30-50 ha (je
nach Biotop und Wilddichte), wobei jede Fütterung aus mindestens

2, besser jedoch 3 Futterautomaten bestehen sollte, da wir aus
wiederholten eigenen und fremden Beobachtungen wußten, daß die
Verträglichkeit der Rehe untereinander an der Fütterung gering
ist und z.T. sogar Ricken ihre eigenen Kitze nicht an den einzi-
gen vorhandenen Automaten heranließen, solange sie dort selbst
Futter aufnahmen. Entfernten sie sich schließlich von der Fütterung, folgten ihnen die Kitze, ohne entweder überhaupt oder eine
ausreichende Menge Nahrung aufgenommen zu haben. Dabei ist gerade die ausreichende Ernährung der noch im Wachstum befindlichen
Jungtiere als ein besonderes Ziel der Herbstmastsimulation anzusehen.

Der Standort der Fütterungen:

Der Standort der Fütterungen hatte sowohl sehr starken Einfluß
auf die Annahme durch das Wild, als auch auf die Möglichkeit der
Reduzierung des Verbisses an Nutzholzkulturen.

Anforderungen an den Standort der Fütterungen waren folgende:

1) Gute Erreichbarkeit zum Beschicken und Kontrollieren
   (d.h. nicht zu weitab von befahrbaren Wegen).

2) Trotzdem in Deckung gelegen und damit der Störung
   durch Passanten entzogen, um die regelmäßige Nutzung
   (ungestörtes Anwechseln des Rehwildes) zu ermöglichen.

3) Nicht zu nahe an Jungwuchsflächen gelegen, um den
   Ablenkungseffekt (Verbiß gefährdeter Flächen) voll zu
   erzielen.

Die Rehe verharren im Winter bei eingeschränktem Aktivitäts- und
Aktionsradius oft langzeitig in unmittelbarer Umgebung der Fütterung und beanspruchen demgemäß auch die dortige Vegetation mehr
als den Rest ihres Lebensraumes.
Gerade mit der sorgfältigen Auswahl des Fütterungsstandortes
hat man also ein Instrument in der Hand, den Aufenthaltsort des
Rehwildes im Sinne der Schadensvermeidung günstig zu beeinflussen.

Wenn alle Forderungen gemeinsam nicht zu erfüllen waren, mußte
je nach Sachlage ein Kompromiß geschlossen oder ganz klare
Prioritäten gesetzt werden (z.B. Vermeidung von Verbiß).

Abb. 20: Die energieaufwendige Blattzeit verbraucht die letzten
Energiereserven des Rehwildes, während kurz darauf die
Feldflur radikal leergeräumt wird. Die Herbstmast-Simulation muß daher kurz nach der Brunft, spätestens Anfang September einsetzen können.

(oberes Foto J. BEHNKE)

Große Belastungen für die umliegende Vegetation ergaben sich,
wenn weder der Standort der Fütterung richtig gewählt, noch
die Regelmäßigkeit der Beschickung der Futterautomaten einge-
halten wurde.

Das Futter:

In den verschiedenen Untersuchungsrevieren wurden recht unter-
schiedliche Futtermischungen verabreicht.

Als Kraftfutter wurden angeboten:

1) Bayerisches Kraftfutter Stammham II (speziell zur
   Herbstmast der Rehe entwickeltes Pressfutter).

2) Wirtschaftseigene Erzeugnisse: Hafer, Gerste, Weizen,
   Mais, teilweise als ganze Körner, teilweise gequetscht.

3) Wirtschaftseigene Getreideschrotmischung mit Sojazusatz.

4) Pelletiertes Rindermastfutter (über landwirtschaftliche
   Genossenschaften bezogen).

5) Luzernepresslinge (Ungarnimporte über Futtermittel-
   händler bezogen).

Nach mehr oder minder langer Eingewöhnungszeit wurden sämtliche
genannten Futtermittel gut angenommen. Die besten Ergebnisse in
dieser Richtung erzielte das Bayerische Wildfutter Stammham II.
Es hatte jedoch den großen Nachteil, das es einschließlich Trans-
port von München nach Giessen fast doppelt so teuer war wie z.B.
am Ort erstandener Hafer. Wie auch schon SKH Herzog Albrecht
von Bayern in seinem Buch über steierische Gebirgsrehe schreibt,
ist es weniger wichtig was gefüttert wird, als das die gewählte
Futtermischung konstant beibehalten wird und das Futter ständig
zur Verfügung steht. Das heißt, es darf kein abrupter Wechsel
erfolgen oder die Fütterung gar plötzlich für kürzere oder längere
Zeit ausgesetzt werden. Genau diese klassischen Fehler in der
Wildfütterung, auf deren Konto die allbekannten Schäden in der
Umgebung der Wildfütterungen gehen, wurden auch im Untersuchungs-
verlauf von uns festgestellt, wenn z.B. in den Beobachtungsinter-
vallen nachlässig gefüttert wurde oder bestimmte Futtermittel
vorzeitig erschöpft waren.

An das Mastfutter sind folgende Forderungen zu stellen:

1) Hoher Energiegehalt

2) Hohe Verdaulichkeit für Rehe, d.h. geringer
   Rohfasergehalt und hoher Rohproteingehalt (12-18 %).

3) Das Futter muß von Form, Konsistenz, Geruch und
   Geschmack so beschaffen sein, daß es für Rehe
   attraktiv ist.

4) Es sollte sich in Futterautomaten verabreichen
   lassen.

Die Kraftfuttermenge, die ein Reh pro Tag aufnimmt, beträgt
gemäß der saisonalen Schwankungen im Durchschnitt ca. 400-800 g.
Rechnet man diejenige Menge hinzu, die von anderen Säugetieren
und Vögeln als Nutznießer aufgenommen wird, so ergibt sich als
grobe Faustzahl im Durchschnitt der gesamten Fütterungsperiode
eine Menge von 1 kg Kraftfutter pro Tag und Reh.
Dieser Wert bezieht sich auf ausschließliche Fütterung und kann
durch die entsprechenden Wildäcker m.o.w. reduziert werden.
Zusätzlich wurde in einigen Revieren Saftfutter angeboten:
Zuckerrüben, Futterrüben, Rübenköpfe und -schwänze, Apfeltrester
(pur oder mit Sojaschrot aufgewertet), Rübenschnitzelsilage,
Möhrentrester.
Diese Futtermittel wurden dann auch im Winter nach "Ausschleichen"
der Kraftfuttergaben als Alleinerhaltungsfutter vorgelegt.
Die täglich aufgenommene Futtermenge schwankt jedoch in dem Zeit-
raum zwischen September und April ganz erheblich, weil der Stoff-
wechsel gedrosselt und die Nahrungsaufnahme erheblich reduziert
werden, wenn ausreichend Energiereserven angelegt werden konnten.
Dieser Vorgang ist bei Reh- und Rotwild fest in der genetischen
Substanz verankert, wie u.a. die mehrjährigen Erhebungen von
BARTH an Farmrehen zeigen, der uns freundlicherweise eine Über-
sichtsgraphik (Abb. 21) zur Verfügung stellte.

Es wird häufiger eingewendet, daß die Rehe im September/Oktober
die Fütterungen noch gar nicht annehmen und daß es daher sinnlos
sei, sie schon zu dieser Zeit zu beschicken. Wenn das "natürliche"
Angebot um diese Zeit tatsächlich noch gut ist oder Wildäcker
mastfähige Nahrung bieten, ist ein fließender, d.h. allmählicher

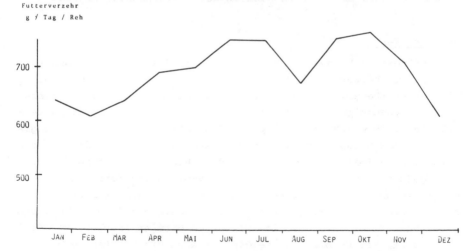

FUTTERVERZEHR VON 12 - 20 REHEN IM VERSUCHSGATTER

Futterverzehr

g / Tag / Reh

Abb. 21: Eine Rehwildfutterstelle, möglichst weit von gefährdeten Jung-
wuchsbeständen errichtet, sollte wie hier aus mindestens zwei,
besser noch drei Futterautomaten bestehen (oben).

Futterverzehr von Farmrehen (Febr. 1975 bis Febr. 1982), mit
frdl. Genehmigung von Dr. D. BARTH (Fa. MSD Sharp & Dohme
GmbH). Maximalverbrauch: Oktober, Minimalverbrauch: Februar
(Durchschnittswerte); unten.

Übergang zur Fütterung geradezu ideal. Wenn diese Behauptung
aber nur die Bequemlichkeit des Hegers wiederspiegelt, dürfen
etwa entstehende Schäden am Wald sowie die schwache Kondition
des Wildes nicht der (zu spät einsetzenden) Fütterung angelastet
werden. In einem Rehbestand findet in dieser Hinsicht zunächst
ein Lernprozeß statt, der (scheinbar) umso länger dauert, je
inselartiger eine Herbstmast-Simulation durchgeführt wird, weil
immer wieder schwach konditionierte Nutznießer aus der Umgebung
auftauchen. Wo angrenzende Reviere oder ganze Hegeringe ähnliche
Maßnahmen jedoch strikt durchführen, ist der Erfolg eindeutig.
Dann erlaubt die Herbstmast-Simulation (erst dann!) nicht nur
eine bessere Einschätzung des tatsächlichen Wildbestandes, u.a.
aufgrund der in bestimmten Monaten verbrauchten Futtermenge (z.B.
Oktober: Februar = 100 : 50), sondern der Abschuß kann nachhaltig
auf einem hohen Niveau bleiben und wird bald nicht mehr nur eine
Selektion schwacher Stücke sein, sondern ein höheres Wildbret-
aufkommen ergeben.

Nachstehend werden anhand einer kritischen Darstellung der Verhältnisse in einigen der Untersuchungsreviere die positiven wie negativen Ergebnisse dieser Maßnahmen in der Revierpraxis aufgezeigt.

Rehwildrevier A:

Hier befindet sich ungefähr pro 50 ha Revierfläche ein Futterautomat. Pro 100 ha wurden in der Fütterungssaison jeweils etwa 1000 kg
Kraftfutter (Bayerisches Wildfutter Stammham II, Hafer und Zucker-
rübentrockenschnitzel) verabreicht. Bei einer wahrscheinlich unter-
schätzten Dichte von 15 Rehen pro 100 ha Wald und einer Fütterungsperiode von 200 Tagen entspricht das einer durchschnittlichen Tagesration von maximal 0,33 kg pro Reh, d.h. hier wurde entweder zu
wenig gefüttert oder es gab Zuwanderer bzw. andere Nutznießer. Bei
zwei Fütterungen, die unmittelbar an einer Fichtenkultur stehen,
kam es durch Unregelmäßigkeiten in der Beschickung (die Fütterungen
wurden von uns besonders im Spätwinter desöfteren leer vorgefunden)
daher zu starkem Verbiß. Da die Gipfeltriebe der Fichten jedoch
bereits dem Äser des Wildes entwachsen sind, dürften keine allzu-
großen Schäden entstanden sein, wie u.a. in Stammham gezeigt werden
konnte.

Rehwildrevier B:

Es ist ein Futterautomat pro 20 ha Wald vorhanden. Es wurden ca.
1,3 t Kraftfutter pro 100 ha Wald und Fütterungssaison verabreicht. Das Futter besteht aus einer wirtschaftseigenen Getreideschrotmischung mit Sojaschrotzusatz. Als Erhaltungsfutter wurden
Apfeltrestersilage und Möhrentrestersilage angeboten. Weiterhin
wurden im Herbst einige Tonnen Rübenköpfe und -schwänze an den
Wegrändern entlang im Wald verteilt. Das Rehwild sucht über den
ganzen Herbst - Winter systematisch nach dieser Äsung. Besonders
gerne werden die immer wieder ausschlagenden, zarten Rüben-
blättchen genommen. Diese Kombination von kalorisch hochwertigem
Getreideschrot als Herbstmastfutter, Obsttrestersilage als Erhaltungsfutter (das durch das Wildackerangebot ergänzt wird) und
"Beschäftigungstherapie" (jedoch ohne dem Wild energieverbrauchende, weite Wege abzuverlangen) mit den ausgestreuten Rübenköpfen,
die zudem eine gute Ergänzung der Futterration bilden, hat sich
sehr gut bewährt. Der Verbiß von Forstpflanzen ist überall so
gering, daß er vernachlässigt werden kann. Auf die positiven Aus-
wirkungen der Maßnahmen auf das Wild selbst, trotz des im Verhältnis zu anderen Revieren geringen finanziellen Aufwandes, soll
später noch eingegangen werden.

Rehwildrevier C:

Mit 2,3 t Kraftfutter (pelletiertes Fertigfutter) und 6 t Zuckerrüben wurde in dem kleinen Pirschbezirk von ca. 100 ha ein
enormer Fütterungsaufwand betrieben. Dennoch waren die Automaten
und Tröge meist schon 3-4 Tage nach der Beschickung geleert und
blieben das auch für den Rest der Woche! Dabei spielt zumeinen
die Lage des Reviers als Waldkomplex inmitten von im Herbst und
Winter deckungslosen Feldflächen eine Rolle, zum anderen werden
in den benachbarten Revieren keine vergleichbaren Hegemaßnahmen
getroffen. Es kam zu Rehwildkonzentrationen von 50-70 Stück pro
100 ha. Trotz der Unregelmäßigkeiten im Fütterungsverlauf kam es
aber nur in unmittelbarer Nähe der Fütterungen zu vermehrtem Verbiß, dem mit Einzelschutzmaßnahmen der Forstpflanzen (bei den
geringen in Frage kommenden Flächen durchaus vertretbar) wirksam

begegnet werden konnte. Schon 150-200 m von den Fütterungen
entfernt blieben die Kulturen auch ohne diese Hilfe unversehrt.
In diesem Kleinrevier mit seinen Hegemaßnahmen im wahrsten Sinne
des Wortes "alleine auf weiter Flur" konnte wegen der Fluktuation
des Wildes nicht die erwünschte Qualitätssteigerung des Rehbe-
standes erreicht werden, was aber bei Zusammenarbeit in größeren
Gebieten (z.B. Hegeringe) bestimmt sehr leicht zu ändern wäre.

Rehwildrevier F:

Nur ein Drittel des Revieres kann noch als Rehwildbiotop angesehen werden. Die restlichen zwei Drittel bestehen aus ausge-
räumter,deckungsloser Feldflur, die außer in 2-3 Sommermonaten
vom Rehwild inzwischen gänzlich gemieden wurden. Auf der als
"Rehbiotop" verbleibenden Fläche wurde etwa pro 40 ha jeweils
eine Fütterung erstellt; dabei sind sowohl Automaten als auch
Trogfütterungen im Einsatz. Die Fütterungen werden regelmäßig
zweimal pro Woche kontrolliert und aufgefüllt. Über die verbrauchten Mengen wird sorgfältig Buch geführt. Innerhalb der
letzten 3 Jahre wurden durchschnittlich 2 t Kraftfutter pro 100 ha
und Fütterungssaison verbraucht. Das Futter bestand aus Baye-
rischem Wildfutter Stammham II, Mais, Hafer, Gerste, Weizen und
gequetschten Kastanien. Daneben wurde Apfeltrester als Erhaltungsfutter gereicht. Verbißschäden kommen in nennenswertem Umfang
nicht mehr vor. Die Qualität des Wildes hat sich aufgrund der
Fütterung enorm verbessert.

Rehwildrevier H:

In diesem Revier gibt es pro 50 ha eine Futterstelle. Es wurden
200 kg Kraftfutter Stammham IV pro 100 ha und Fütterungssaison
gereicht. Als Erhaltungsfutter wurde Apfeltrestersilage mit
Zuckerrübentrockenschnitzeln aufgewertet angeboten (1500 kg pro
100 ha und Fütterungssaison). Ausgehend von einem angenommenen
Bestand von 10 Stück Rehwild pro 100 ha Wald (wahrscheinlich sind
es jedoch mehr) entspräche das einem Angebot von 150 kg Silage
und 20 kg Kraftfutter pro Reh und Fütterungssaison. Rechnet man

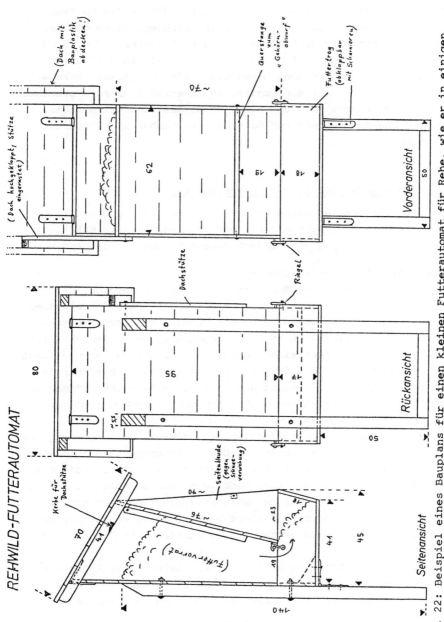

REHWILD-FUTTERAUTOMAT

Abb. 22: Beispiel eines Bauplans für einen kleinen Futterautomat für Rehe, wie er in einigen der Untersuchungsreviere verwendet wurde (Materialkosten DM 60,-- - 80,--).

mit einer Fütterungssaison von 200 Tagen, die in diesem "von
Natur aus" äsungsarmen Revier unseres Erachtens notwendig ist,
ergibt das eine Tagesration von 100 g Kraftfutter und 0,75 kg
Silage pro Reh. Die Verluste durch andere Waldtiere (Tauben,
Eichelhäher, Eichhörnchen, Mäuse usw.) sind bei dieser Kalku-
lation noch nicht mit einbezogen. In Anbetracht dieser Tatsachen
kann man hier wohl kaum von einer Herbstmastsimulation reden,
sondern muß die getroffenen Maßnahmen als Erhaltungsfütterung
einstufen.

Die Auswirkungen der Fütterung auf den Verbiß.

Wie sich aus unseren Beobachtungen und Bonitierungen ergab,
haben wir mit der richtig durchgeführten Herbstmastsimulation
ein gutes Instrument der Wildschadensverhütung in der Hand.

Dabei spielen folgende Aspekte eine Rolle:
Die Nährstoffmenge, die dem Wild als Futter verabreicht wird,
braucht nicht der Vegetationsmasse der forstlichen Nutzpflanzen
entnommen zu werden. Wildtiere, die rechtzeitig ihre Energiedepots (Feist) auffüllen konnten, haben über den gesamten Zeitraum Winter bilanziert einen wesentlich geringeren Nahrungsinput
und Energieoutput als solche Tiere, die ihr tägliches Energiedefizit in der Notzeit nicht aus Reserven ausgleichen können und
daher gezwungen sind, diesen Mangel durch vermehrte Nahrungsaufnahme, u.a. in Form von Verbiß, zu kompensieren.
Zu den Energiesparmechanismen gehören auch die Verlangsamung der
Bewegungen und die Einschränkung des Aktionsradius. Dieser wird
mitbestimmt von der räumlichen Distanz der Requisiten, die die
Wildwiederkäuer zum Überleben benötigen. Daraus folgt zumindest
beim Reh, daß eine räumliche Übereinstimmung von Deckung und
Äsung den Aktionsradius minimiert und die Energieeinsparung begünstigt (beim Rotwild gelten andere ethologische Gesetzmäßig-
keiten).
Bei der Rehwildfütterung wählt man den Standort der Automaten so,
daß er dem Wild gute Deckung gewährt, die deckungsspendenden
Hölzer aber bereits der Altersklasse entwachsen sind, in der

Abb. 23: Zur Überlebensstrategie des Wildes gehört die Einschränkung
des Aktionsradius und die Verlangsamung der Bewegungen im
Winter. Besonders Jungtiere (hier Kitzbock) geraten rasch
in ein Energie-Defizit, wenn der Aufwand für die Nahrungssuche größer ist als der Gewinn aus Notäsung.

(Foto J. BEHNKE)

ihnen ein Verbiß durch das Rehwild Schaden zufügen kann. Maximiert man außerdem die Entfernung zu den gefährdeten Jungwuchs-flächen, wird man Verbißschäden vermeiden oder zumindest auf ein wirtschaftlich unbedeutendes Maß reduzieren können.

Wie bereits erwähnt, können <u>zwei Fehler in der Fütterungstechnik</u> zu enormen lokalen Vegetationsbelastungen führen, die dann jedem Waldbauer und Forstwirt das Wasser in die Augen treiben:

1. Es ist eine leider weitverbreitete, aber irrige Ansicht, eine oder gar mehrere Fütterungen mitten in einer gefährdeten Jung-wuchsfläche verhindere den Verbiß der Forstpflanzen. Da die un-mittelbare Umgebung der Fütterung zu bevorzugten Aufenthaltsort des Wildes wird, summiert sich im Laufe der Fütterungsperiode die Anzahl der vom Reh "mehr im Vorübergehen" mitgenommenen Trieb-spitzen zu einer für die Jungpflanzen bedrohlichen und somit für den Waldbauer wirtschaftlich bedeutenden Anzahl. Dies geschieht trotz der eindeutigen Bevorzugung des angebotenen Kraftfutters. Die in Form dieser Triebspitzen aufgenommene Biomasse ist für das Reh hingegen von seiner kalorischen Bedeutung her ernährungs-physiologisch zu vernachlässigen. Daher ist die <u>Standortwahl</u> be-sonders wichtig.

Der zweite häufige Fehler ist die mangelnde <u>Konstanz</u> des Ange-botes. Es liegt auf der Hand, daß ein Reh, das seine gewohnte Fütterung leer vorfindet, sich in der direkten Umgebung Ersatz zu beschaffen versucht. Nach unserer Ansicht ist es für Wald und Wild besser, die vorhandenen finanziellen Mittel so zu verwenden, daß ein kostengünstiges Futtermittel über die <u>gesamte</u> Fütterungs-periode ad libitum zur Verfügung steht, als nur einen Teil dieses Zeitraumes mit einem hochwertigen Futtermittel abzudecken. Das birgt nämlich die zusätzliche Gefahr für das Wild selbst, die sich aus den Folgen eines abrupten Futterwechsels für jeden Wieder-käuer ergibt (Beeinträchtigung des Magen-Darm-Kanals).

Wo die genannten Fehler begangen wurden, hat sich das in den von uns regelmäßig kontrollierten Jungwuchsflächen auch sofort und nachweisbar negativ ausgewirkt, während bei sachgerechter Verfah-rensweise diese Schäden nachweislich nicht auftraten und die Herbstmastfütterung damit zumindest ihre Schutzfunktion voll er-füllen konnte.

Abb. 24: Trotz Herbstmast und Feistablagerung muß ein Wiederkäuer im Winter etwas Erhaltungsnahrung aufnehmen, damit die Pansen-bakterien erhalten bleiben. Unregelmäßig gefüttertes Wild holt sich am Verbiß von Nadelhölzern Ersatz oder die Winter-saat wird (ohne wesentlichen Schaden) beäst.

(Fotos J. BEHNKE)

7.2.2. Die Rotwildfütterung

In den Rotwilduntersuchungsrevieren kam auf ca. 200-400 ha jeweils eine Großfütterung mit entsprechendem Futterlager (Heuschober, Rübenkeller, Mieten und Silos), in denen im Frühherbst der Vorrat für die gesamte Fütterungsperiode eingelagert wurde. Ab 1. Oktober wurden die Fütterungen täglich beschickt. Gemäß der Ernährungsphysiologie des Rotwildes wurde dabei, gemessen am Rehwildfutter, mehr Wert auf Masse als auf Nährstoffkonzentration gelegt. Die bevorzugt ausgebrachten Futtermittel waren Runkelrüben, Zuckerrübenköpfe und -schwänze, Maissilage, Naßrübenschnitzelsilage, Biertreber und Apfeltrestersilage mit Getreideschrotbeimischung. Es wurde mit ca. 10 kg Futter pro Tier und Tag kalkuliert. Daneben wurde gutes Wiesenheu als Rauhfutter ad libitum vorgelegt.

Im Gegensatz zum Rehwild, dessen Verhaltensnormen durch in Deckung gelegenen Fütterungen entsprochen wurde, bevorzugt das Rotwild Futterplätze, die ihm Übersicht über das umliegende Gelände ermöglichen und somit beim Herannahen von Gefahren immer noch eine gewisse Fluchtdistanz garantieren.

Blößen, lichte Althölzer und kleine Wildwiesen, die sowieso vom Wild gerne frequentiert werden, bieten sich hierfür an.
Auch die Fütterungseinrichtungen sollen so gebaut sein, daß sie das Blickfeld der Tiere nicht wesentlich einengen und damit dem Sicherheitsbedürfnis des Rotwildes Rechnung tragen. Um Rivalitäten und Auseinandersetzungen innerhalb der Rudel vorzubeugen, sollten mehrere 15-20 m voneinander entfernte Tröge, Futtertische und Raufen vorhanden sein.
Auch hier gilt es wie beim Rehwild dafür Sorge zu tragen, daß die noch im Wachstum befindlichen Kälber, Schmaltiere und Schmalspießer ihren Teil vom Futter abbekommen und nicht an der Fütterung von den Ranghöheren abgeschlagen werden. Bekanntlich kommt es dann leicht zu dem "Wartezimmer-Verbiß" in der Umgebung der Fütterungen, der von Fütterungsgegnern generalisierend gegen die Fütterung an sich oder gar gegen das Wild demonstriert wird.
Auf die technischen Details der Fütterungsanlagen soll hier nicht eingegangen werden, weil die Spezialliteratur darüber erschöpfend Auskunft gibt.

Abb. 25: Rotwildfütterungen müssen dem Wild Überblick gestatten (oben) und möglichst mehrere, der Wildzahl angepaßte Tröge/Raufen enthalten. Bei nur einer Raufe, wie traditionell angelegt (unten), kommt es zum "Wartezimmer-Verbiß" der rangniederen Rudelmitglieder.

Mit der hier skizzierten Verfahrensweise folgten auch unsere
Rotwilduntersuchungsreviere seit langem der vielerorts bewährten
Methode, dem durch die Brunft erschöpften Rotwild eine sofortige
erhöhte Nährstoffaufnahme zu ermöglichen, die (zwar später ein-
setzend als beim Rehwild) auch eine auf den Winter ausgerichtete
Energiebevorratung (Winterfeiste) zum Ziel hat. Diese bewährte
Praxis war durch das Fütterungsverbot drastisch und mit nachtei-
ligen Folgen für Wild und Wald unterbrochen worden.

Um die auch bei der Fütterung ausgeprägten revierspezifischen
Unterschiede ein wenig zu verdeutlichen, seien auch hier wie im
Kapitel Wildäsungsflächen einige kurze Berichte aus einzelnen
Revieren angefügt:

Rotwildrevier A:

Pro 300 ha Wald ist eine Großfütterung für Rotwild mit guter
Lagerkapazität (Futterschuppen, Silo, Rübenkeller) vorhanden.
Gefüttert wird vom 1. Oktober bis Ende März/Anfang April, je
nach Vegetationsstand.
Pro Fütterung werden täglich ca. 100-120 kg Apfeltrester mit
10-15 % Getreide-Soja-Schrotmischung, 40-60 kg Runkelrüben
und Heu ad libitum gereicht. Diese Mengen sind Durchschnittswerte,
das Angebot wird nach der Annahme reguliert. Bisweilen kommt es,
z.B. witterungsbedingt oder durch Störungen, zur Umstellung von
Wild an eine andere Fütterung, entsprechend werden dann die dar-
gebotenen Mengen an diesen Fütterungen variiert. Dem Rehwild
stehen in diesem Revier pro 100 ha zwei Futterautomaten zur Verfügung, die durch Stangengitter (Abstand 17 cm) dem Rotwild unzugänglich sind: Pro Automat und Fütterungssaison (das Rehwild wird
von Anfang September bis Anfang April gefüttert) werden im Durchschnitt etwa 250 kg wirtschaftseigenes Getreide (Hafer, Weizen)
oder Getreideschrotmischung (Hafer, Weizen, Gerste) mit Sojazusatz und 400-500 kg Apfeltrester gereicht. Das heißt also ca.
500 kg Kraftfutter und ~1000 kg Erhaltungsfutter pro Saison und
100 ha. Sowohl bei der Rotwild- als auch bei der Rehwildfütterung
muß bisweilen improvisiert und von dem Grundrezept abgegangen
werden. So mußte in der Fütterungssaison 81/82 der vorzeitig zur

Abb. 26: Ohne energieverbrauchende Wege ruht Rotwild nach der
Futteraufnahme gern im lichten Altholz aus – wenn es
nicht dauernd aufgemüdet wird und seine Feistdepots
schließlich vorzeitig erschöpft werden; Schälen und
Verbiß sind die Folgen.

(Foto J. BEHNKE)

Neige gehende Apfelstrester durch Biertreber und Rübenschnitzel
ersetzt werden, da infolge schlechter Apfelernte der Markt leer
war.

Rotwildrevier B:

Im Rotwildrevier B kommt eine Fütterung auf etwa 200 ha. Die
täglichen Rationen werden hier aus Maissilage, Runkelrüben,
Apfeltrestersilage, Zuckerrübenschwänze und Heu bzw. Grummet
zusammengestellt. Am Anfang der Fütterungssaison wird der selbst-
angebaute Mais oft noch als Grünfutter angeboten. Im Jagdjahr
1981/82 mußte der unzureichend erhältliche Apfeltrester durch
Biertreber und Zuckerrübenschnitzel (firsch und als Silage)
ersetzt werden. Pro Fütterung wird täglich eine Gesamtmenge der
kombinierten Futtermittel von ca. 150 kg verabreicht. Gefüttert
wird ab 1. Oktober bis Mitte April auslaufend. Für das Rehwild
sind ebenfalls Fütterungen (pro 200 ha eine) vorhanden. Pro
Fütterung werden über die Fütterungssaison ca. 1,3 t wirtschaftseigenes Getreideschrot (Hafer-Gerste-Weizen-Mischung) verabreicht.

Rotwildrevier C:

Es gibt pro 150 ha eine Großfütterung für Rotwild. Angeboten
werden Runkelrüben, Kartoffeln, Zuckerrübenblätter und -schwänze,
Ausputzgetreide, Zuckerrübennaßschnitzelsilage, Apfeltrestersilage, Biertreber und Heu. Da außer Wildwiesen keine Wildäcker
vorhanden sind, wird hier die Tagesration pro Stück Rotwild auf
ca. 12-14 kg Frischsubstanz veranschlagt. Bei einer Fütterungssaison von 180 Tagen (Anfang Oktober bis Ende März) ergibt dies
pro Stück Rotwild eine Menge von 2,2 - 2,6 t. In Anbetracht
dieser Nahrungsmengen, die das Rotwild in der vegetationsarmen
bzw. vegetationslosen Zeit braucht, gibt es in unseren heutigen
Kulturwäldern nur eine Alternative: Füttern! (insbesondere im
Herbst direkt nach der Brunft) oder Ausrotten! Unter Hinweis
auf S. sei hier nochmals erwähnt, daß dieses Revier durch
seine Topographie eine landschaftsökologisch und wirtschaftlich
vertretbare Anlage von Wildäckern nicht gestattet.

Abb. 27: Ein im ersten Herbst schlecht ernährtes Kalb wird nicht
zu einem Träger eines gesunden, kräftigen Wildbestandes.
Wohl muß Hegeabschuß die Wilddichte regulieren, doch ohne biologisch orientierte Ernährungshege entstehen auch
bei geringen Beständen Schäden.
(Foto J. BEHNKE)

Rotwildrevier D:

Im Rotwildrevier D wurden im Durchschnitt des Untersuchungszeit-
raumes pro Jahr und 100 ha ca. 10 dz Runkelrüben, 2 m^3 Apfeltrester, 1,5 dz Kraftfutterpellets (Kofu) und 0,5 dz getrocknete
Rübenschnitzel über die Fütterungssaison verteilt verabreicht.
Das ebenfalls angebotene Wiesenheu wurde nur geringgradig angenommen. Ein eigener Rotwildbestand ist nicht mehr vorhanden, so
daß das Angebot sich wohl in erster Linie auf das Rehwild bezieht und beim ab und an durchwechselnden Rotwild allenfalls
noch als "Lockmittel" verstanden werden kann.

8. Zur Kondition des Wildes:

Zur Beurteilung der Entwicklung der Körperkondition dienten einmal
direkte Beobachtungen und Vergleiche der lebenden Tiere, zum
anderen Körpergewicht- und Darmfettdaten der erlegten Tiere. Während die Beobachtungen nur grob-qualitative Bewertungen durch den
Vergleich von Individuen und dabei die bekannten Beurteilungen
wie stark, normal oder schwach zuließen, waren bei den erlegten
Stücken exakt quantifizierbare Daten zu sichern. Diese Daten
können aufgrund des selektiven Abschusses nach minderer Körpergröße freilich nicht als repräsentativ für den Gesamtbestand angesehen werden. Dennoch glauben wir anhand des Vergleiches dieser
Daten aus den Jahren vor und während der Untersuchung eine Aussage über die Entwicklungstendenz machen zu können.

Da Daten zum Darmfettgehalt nur aus der Untersuchungsperiode vorliegen, kann keine Vergleichsbilanz zum davorliegenden Zeitraum
gezogen werden. Sehr gut spiegeln sich aber die saisonalen
Schwankungen in der Körperverfassung bzw. der Menge der Energiedepots der Tiere wieder. Im Vergleich der verschiedenen Reviere
untereinander geben die Darmfett-Indices einen guten Anhalt für
die Kapazität bzw. den Grad der Nutzbarkeit eines Biotops durch
Reh- und Rotwild.

Für unsere Untersuchungen wurde die Darmfeist-Menge zur Beurteilung herangezogen, weil sie (als eines der ersten Fettdepots,
daher der Name "Mastdarm" für den Weiddarm) eine genaue Beurtei-

Abb. 28: Artgemäß abwechslungsreiche Sommeräsung vor allem aus
der Krautschicht gibt dem Rehbock eine gute Kondition
für die Brunft, besonders dann, wenn er nach dem Winter
nicht große Gewichtsverluste ausgleichen mußte, wovor
ihn die Herbstmast bewahrt.

(Foto J. BEHNKE)

lung auch geringer Mengen erlaubt.

Grundsätzlich ist eine Beurteilung der Energiereserven bzw.
der Kondition des Wildes im Herbst und Vorwinter (bis in den
Januar hinein) auf Revier- bzw. Hegeringbasis ohne große
Schwierigkeiten für den Praktiker selbst möglich, wenn man nach
vergleichbaren Kriterien vorgeht und seine Beobachtungen oder
Messungen schriftlich festhält. Dazu gehört u.a. eine Klassifizierung der Feistmenge um die Nieren, die man am aufgebrochenen
Stück (in Rückenlage) leicht durchführen kann. Die Klassifizierung
geht von 0-4, wobei 0 keinerlei Nierenfeist (Bauchfell glasig-
durchsichtig); 1 wenig; 2 mittelmäßig (Nieren noch gut sichtbar,
aber in Fett eingebettet); 3 viel (Nieren weitgehend bedeckt,
aber noch erkennbar) und 4 völlig im Feist verschwunden bedeutet.
Zusätzlich wäre die Feistmenge unter der Decke (subkutan), am
Netz und zwischen den Muskeln zu beurteilen, wo es aber nur bei
starker Herbstfeiste bei Reh- und Rotwild zu sichtbaren Veränderungen kommt (vergleichbar dem klassischen Feisthirsch im August
oder dem reifen Gamsbock vor der Brunft).

Dazu nun Daten aus einigen Untersuchungsrevieren.

Im Rehwildrevier B haben sich durch die Herbstmastsimulation mit
Wildäckern und Fütterung die Durchschnittsgewichte der erlegten
Tiere wie folgt entwickelt (alle jetzt und später genannten Zah-
len beziehen sich auf Wildbretgewichte aufgebrochen).

Kitze ♂	von 7,2 kg	auf 10,8 kg
Kitze ♀	von 8,4 kg	auf 11,3 kg
Jährlingsböcke	von 10,2 kg	auf 13,0 kg
Schmalrehe	von 10,8 kg	auf 14,5 kg
mehrjähr.Böcke	von 13,9 kg	auf 17,3 kg
Ricken	von 12,7 kg	auf 16,5 kg

Das entspricht prozentuellen Zunahmen zwischen 24 % und 50 %
bei den einzelnen Alters- und Geschlechtsklassen!
Am markantesten sind die Zugewinne in der Altersklasse der Kitze.
Die Schäden im Wald sind, wie bereits auf S.   besprochen, ver-
nachlässigbar gering.

Abb. 29: Ein herbstfeist gewordener Rehbock mit einem bereits
voll vereckten, starken Gehörn, in einem vernünftig
gehegten Revier keine Seltenheit, die nicht auf Kosten
des Waldes (sondern des Hegers) geht.

(Foto J. BEHNKE)

Die Rehwild-Untersuchungsreviere C und D haben beide nur Pirsch-
bezirksgröße (~ 100 ha). Sie sind zu klein und in ihren Hegebemühungen zu isoliert, um merkliche Verbesserungen der Durchschnittsgewichte des erlegten Wildes zu erzielen. Einzelne
starke Stücke werden zwar beobachtet, aber natürlich geschont.

Im Rehwildrevier E kommen mittlerweile Spitzengewichte von erlegten Böcken zwischen 21 kg und 22 kg, Gewichte von erlegten
Ricken zwischen 18 und 20 kg vor. Das hat es vor der Herbstmastsimulation hier nie gegeben; Böcke mit 18 kg waren schon
Seltenheiten. Die Durchschnittsgewichte haben sich allerdings
noch nicht gravierend verbessert, jedoch besteht eine aufstei-
gende Tendenz.

Im Rehwildrevier F ist das Durchschnittsgewicht der erlegten
mehrjährigen Böcke von 1976 bis 1981 aufgrund der Herbstmast-
simulation von 15 kg auf 19 kg gestiegen, das Durchschnittsgewicht der Jährlingsböcke veränderte sich von 10,5 auf 15 kg.
Während die Schmalrehe nicht als Beleg herangezogen werden können,
da das Datenmaterial in dieser Klasse zu gering ist, verbesserte
sich das Wildbretdurchschnittsgewicht der erlegten Ricken von
14,7 auf 16,4 kg. Nachdem in den Jahren 1978-1980 schon vereinzelt
gute Böcke erlegt werden konnten, kamen im Jagdjahr 1981/82
erstmals drei Böcke mit sehr guter Gehörnausbildung zur Strecke.
Die Gewichtsentwicklung der von 1976-1981 im Rehwildrevier erlegten adulten Rehe ist auf Abb. 31 (S.86) graphisch dargestellt.

Im Rehwildrevier H kam es zu keinem Aufwärtstrend, was anhand der
erhobenen Input-Daten (siehe S.70) auch zu erwarten war. Die er-
mittelten Wildbretgewichte zeigten keine Verbesserung und auch
die Darmfettwerte waren, gemessen an den Werten aus Revieren mit
zwar vergleichbarem Biotop, aber besser durchgeführter Herbstmastsimulation, minimal. Auf Abb. 31 (S.86) sind die Darmfett-
Indices von Rehen des Rehwild-Revieres H, denen des Rehwildre-
vieres B und des Rotwildrevieres A (zwecks breiterer Datenbasis
zusammengefaßt) gegenübergestellt. Beim Vergleich des unterschiedlichen Wildackerangebotes und der unterschiedlichen Fütterungs-
mengen in diesen Revieren (siehe S.53) wird die Graphik eindeutig
aussagefähig.

Abb. 30: Da das Geweih auch ein Ausdruck des Ernährungs- und Ge
sundheitszustandes der Cerviden ist, bleibt es gar nicht
aus, daß die Qualität der Rehkronen sich im Gefolge der
Herbstmast-Simulation verbessert. Oben ein 1981 gestreck-
ter Kapitalbock aus dem Rehwild-Untersuchungsrevier E;
unten in der Mitte der stärkste Bock vor Durchführung der
Herbstmast-Simulation im Revier; außen zwei brave Böcke
aus der Ernte 81 des Rotwildrevieres A, in dem den Rehen
gleiche Sorgfalt gewidmet wird wie dem Rotwild.

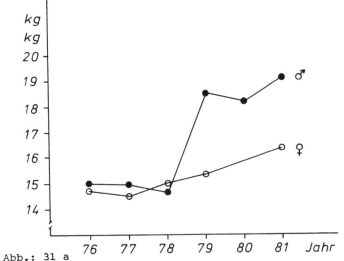

Abb.: 31 a

Gewichtsentwicklung der mehrjährigen männlichen und weiblichen
Rehe im Rehwildrevier F, dargestellt anhand der Wildbretdurch-
schnittsgewichte (aufgebrochen) aller erlegten Stücke (n = 94)
im Zeitraum 1976-1981

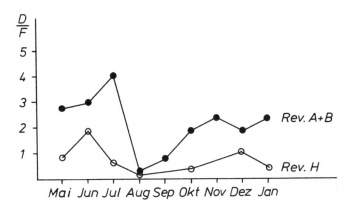

Abb.: 31 b

Darmfett-Indices (F/D) bei erlegtem Rehwild aus verschiedenen
Revieren mit ähnlichen Biotopeigenschaften aber unterschied-
licher Intensität der Herbstmastsimulation (n = 104)

Rehwildrevier H: 0,2 t Kraftfutter pro 100 ha Wald und Fütterungssaison,Wildäcker 0,12 % der Waldfläche

Rehwildrevier B: 1,3 t Kraftfutter pro 100 ha Wald und Fütterungssaison, Wildäcker 1 % der Waldfläche

Rotwildrevier A: 0,5 t Kraftfutter (nur den Rehen zugänglich)
pro 100 ha und Fütterungssaison
Wildäcker 0,6 % der Waldfläche

Aus den Graphiken werden auch die saisonalen Konditionsunter-
schiede deutlich. Es zeigt sich eine ansteigende Energiebevorratung (Fettablagerung) im Frühjahr, die aber durch die Blattzeit eine beträchtliche Minderung erfährt, doch nach der Brunft
steigt die Feistbildung wieder an, um je nach Witterungs- und
Äsungsbedingungen zwischen Mitte November und Anfang Januar ihren Höhepunkt zu erreichen. Von nun an schwinden die Fettdepots
wieder um das tägliche Energiedefizit in der Bilanz von mög-
licher Energieaufnahme (durch verfügbare Nahrung) und nötiger
Energieabgabe (Erhaltungsenergie; Bewegung, auch Flucht; Verdauung; Wärmeregulation etc.) zu überbrücken. Sind die Reserven
groß genug, kann damit der Anschluß an die neue Vegetationsperiode im Frühjahr gefunden werden (Abb. 2).
Beim Vergleich aller uns zur Verfügung stehenden Daten aus den
Untersuchungsrevieren, den Vergleichsrevieren und den Daten von
Farmrehen (freundlicherweise von Dr. BARTH zur Verfügung gestellt,
Abb. 21) wird die genetische Festlegung dieser Erscheinungen im
Jahresrhythmus offenbar, der durch die jeweiligen Umweltbedingungen in Grenzen modifiziert werden kann, prinzipiell aber
immer den gleichen Ablauf zeigt, wie ihn die Kurven wiederspiegeln.

In den Rotwildrevieren mußte von völlig anderen Voraussetzungen
ausgegangen werden. Wie bereits berichtet, wurde dort traditions-
gemäß schon seit langem mit der Rotwildfütterung gegen Ende der
Brunft begonnen, wobei sich meist ein fließender Übergang von dem
zur Neige gehenden Wildackerangebot zur Fütterung ergab. Diese
bewährte Praxis wurde durch das Fütterungsverbot bis zum 1. November abrupt unterbunden. Trotz des gleichzeitig einsetzenden Re-
duktionsabschusses wurde nach Angaben der Revierverantwortlichen
diese Veränderung vom Wild in allen unseren Untersuchungsrevieren
durch vermehrten Verbiß und durch starkes Schälen quittiert.

Zur näheren Charakterisierung der Situation in den verschiedenen
Revieren möge nachfolgend eine Tabelle mit den Durchschnittsgewichten von Schmalspießern und Schmaltieren dienen, die in den
Jahren 1977-1981 jeweils im Zeitraum zwischen 1.6. und 31.7.
erlegt wurden:

Jahr	Rev. A	Ø Gew/kg	Rev. B	Ø Gew/kg	Rev. C	Ø Gew/kg
77	3 ♀	42,7	3 ♀	42	6 ♀	35,6
	3 ♂	45			7 ♂	41,5
78	5 ♀	44	3 ♀	43,7	4 ♀	32
	3 ♂	43,8			7 ♂	42,5
79	7 ♀	41,7	3 ♀	46,3	10 ♀	32
	4 ♂	44,3			8 ♂	35
80	3 ♀	42	3 ♀	44,3	5 ♀	34,5
	4 ♂	47,3			3 ♂	40,7
81	4 ♀	42	2 ♀	50	9 ♀	33,8
	6 ♂	48,8			6 ♂	39,5

Wie aus dieser Tabelle ersichtlich wird, fällt das Rotwildrevier
C mit seinen Durchschnittsgewichten der erlegten einjährigen
Tiere gegenüber den Revieren A und B deutlich ab. Dafür sind in
erster Linie folgende Gründe verantwortlich zu machen:

1) Im Gegensatz zu Revier A und B hat Revier C keine Wildäcker
   sondern nur Dauergrünflächen; die Herbstmastsimulation durch
   Fütterung setzt aber aufgrund der derzeitigen Gesetzgebung
   viel zu spät ein.

2) Die Wilddichte im Revier C ist wesentlich höher als in den
   Revieren A und B.

3) Das Rotwild im Revier C ist andererseits sehr viel tagaktiver
   als in A und B. Bei günstigeren Lichtverhältnissen bzw. häufi-
   gem Anblick (gutes Büchsenlicht) ist mit Sicherheit eine bessere Selektion nach minderer Körpergröße möglich.

Der Versuch einer Interpretation, welchen Anteil die drei genannten Faktoren am Ergebnis haben, soll in diesem Rahmen nicht
unternommen werden.

Die im Vergleich mit den anderen Revieren schlechte Kondition
der im Revier C erlegten Tiere wird auch durch die Darmfettana-
lyse bestätigt. In der folgenden Graphik (Abb.) werden die
Darmfettwerte der im Rotwildrevier A und Rotwildrevier C erlegten
Tiere gegenübergestellt.

Abb. 32: **Es erscheint symptomatisch, daß bei uns seit vielen Jahren derartig schwache Jährlinge einen hohen Anteil am Wahlabschuß ausmachen. Wäre ihre Nahrungsgrundlage im Herbst des ersten und zweiten Lebensjahres besser, wäre auch der Wildbreterlös höher.**

(Foto J. BEHNKE)

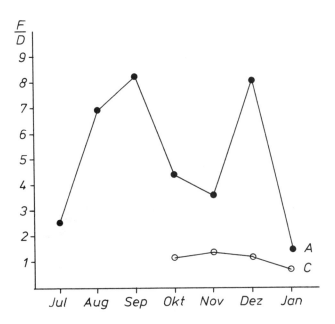

Darmfett-Indices von Rotwild aus den Rotwildrevieren A (n = 32)
und C (n = 42) erlegt in den Monaten Juli bis Januar der Jahre
1979-1982

9. Die Kosten

Ein wesentlicher Faktor für den Einsatz der Herbstmastsimulation
als "Wildlife Management"-Maßnahme ist die Kostenfrage. Sie kann
den Erfolg bzw. Mißerfolg dieser Hegemaßnahme entscheidend beeinflussen.
Wir sind im Kapitel Fütterung davon ausgegangen, daß in der
Herbst- und Winterperiode mit einer durchschnittlichen Menge von
1 kg Kraftfutter pro Reh und Tag (einschließlich der Verluste
durch andere Nutznießer) zu rechnen ist. Das bedeutet aber bei
ca. 200 Fütterungstagen und Preisen zwischen DM 45,-- und DM 80,--
pro dz je nach Art und Beschaffenheit des verwendeten Futters
(Hafer, Getreideschrotmischungen, pelletiertes Fertigfutter)
einen Kostenaufwand von DM 90,-- bis DM 160,-- pro Reh und Jahr.
Durch entsprechende Wildäcker, aber auch durch zeit- und sachge-

Abb. 33: Ohne Zweifel kommt dem Hegeabschuß vor dem Einsetzen der
Winterruhe des Wildes eine doppelte Bedeutung zu: Verringerung des Wildbestandes = Senkung der Futterkosten und weiterer Schutz der Waldvegetation; Ruhe im Revier für den verbleibenden Stammbestand.

(Foto J. BEHNKE)

rechte Anwendung der "Dreiphasenfütterung", was freilich mehr Engagement und Arbeitsaufwand erfordert, können diese Kosten erheblich reduziert werden.

In dem uns zur Verfügung stehenden Vergleichsrevier in Bayern konnten diese Fakten unter kontrollierbaren Versuchsbedingungen eindeutig erhärtet werden. Dort sind sämtliche Rehe markiert, d.h. der Wildbestand ist genau bekannt. Gefüttert wurde dort z.B. in der Hegeperiode 1981/82 über insgesamt 255 Tage (1.9. - 3.5.). Da aber die Dreiphasenfütterung sorgfältig angewendet wurde, konnte der teure Kraftfutteranteil (nach 10-12 tägigem Aus- und Einschleichen, d.h. allmählicher Wegnahme bzw. Zugabe) in dem Zeitraum Mitte Dezember bis Ende Februar abgesetzt werden und durch gute Apfeltrestersilage (preisgünstiges Erhaltungsfutter) ersetzt werden. Dadurch errechnete sich pro Reh ein Gesamtverbrauch von 125 kg Kraftfutter (Stammham II/Feldmoching), d.h. auf die o.g. Gesamtfütterungsperiode verteilt ein Verbrauch von weniger als ca. 0,5 kg pro Reh (insgesamt ca. DM 80,-- - DM 100,-- pro Reh).

Angesichts der Revier-Realitäten außerhalb gegatterter Versuchsreviere mit bekanntem Wildbestand möchten wir aber bei der Richtzahl von 1 kg pro Reh bleiben, weil im Durchschnitts-Rehrevier weder eine genaue Abgrenzung des Bestandes möglich ist, noch eine Winterzuwanderung verhindert werden kann, so daß bei zu optimistischen Angaben Enttäuschungen zwangsläufig wären.

Hier sei auch daran erinnert, daß die anatomisch-physiologischen Gegebenheiten dazu führen, daß die aufgenommene Futtermenge sowohl zeitlichen Schwankungen wie Mengenwahl-Schwankungen (aufgrund ihres Nährstoffgehaltes) unterworfen ist. Allgemein gilt für Wiederkäuer die Regel (und für den Konzentratselektierer Reh besonders), daß die aufgenommene Menge umso geringer ist, je konzentrierter die Nahrung ist - bei nährstoffreicher Sommeräsung werden die nach HOFMANN, GEIGER und KÖNIG (1976) 3,5 - 5 Liter fassenden Vormägen des Rehes selten mehr als halb voll geäst. Im Hochwinter faßt der Magen ohnehin 25 - 30 % weniger, weshalb hier nochmals auf den artgerechten, vorsichtigen Umgang mit "Winterfutter" hingewiesen werden soll, vor allem aber vor abrupten Futterwechsel gewarnt werden muß.

Abb. 34: Wildäcker sind meistens vor der neuen Vegetation leerge-
äst - wie hier links oben in der Ecke. Steht keine regelmäßig beschickte Fütterung bereit, kommt es im Vorfrühling
zu Verbißschäden. Das untere Foto zeigt einen um diese Zeit
noch weitgehend ungenutzten Wildacker mit falschen Standort:
zu nahe an einer Straße.

Daß wir mit dieser Berechnung von Futtermenge bzw. -qualität
und den Kosten im realistischen Bereich liegen, geht vergleichs-
weise auch aus einer soeben veröffentlichten, zehnjährigen
Studie von OZOGA und VERME (1982) an amerikanischen Weißwedel-
hirschen hervor, die dem gleichen Äsungstyp wie das Reh ange-
hören. Sie sind jedoch erheblich größer als Rehe und etwas besser fähig, auch Rohfaser zu verdauen. Für die Winterperiode
1.12. bis 15.4. errechneten die amerikanischen Kollegen einen
Futter-Aufwand von US $ 37,00, derzeit ca. DM 92,-- pro Tier.

Daraus erhellt ohne Zweifel, daß eine waldschützende und wildfreundliche, dem vorgegebenen Ernährungsrhythmus der Rehe angepaßte Fütterung zunächst kostspielig ist, daß man das angesichts zahlreicher fragwürdigerer Ausgaben im Gesamtkomplex Jagd
aber auch realistisch einschätzen sollte.

Auf der Positiv-Seite stehen diesen Kosten entgegen: Steigerung
der Wildbretgewichte um 35-30 %; höhere Abschöpfraten des Bestandes durch geringere Fallwildraten und damit einem besseren
Zuwachs (die Frühsterblichkeit geht zurück). Finanziell schwerer
meßbar, aber entscheidend ist die weitgehende Vermeidung von
Verbißschäden an Forstpflanzen. Als "ideelle Zugaben" sind die
Freude an starkem, gesundem Wild und stärkeren Trophäen zu nennen.
Der von Gegnern der Herbstmastsimulation wie der Fütterung überhaupt immer wieder geäußerte Vorwurf, diese Verfahrensweise
setze das Wild einer "Domestikationsgefahr" aus und diene nur
zur Haltung überhöhter Wildbestände, muß als nicht zutreffend
zurückgewiesen werden.
Die Revierinhaber, die den beschriebenen finanziellen und arbeits-
mäßigen Hegeaufwand betreiben, betrachten als Ziel ihrer Bemühungen einen qualitativ hochstehenden, nachhaltig stärker ab-
schöpfbaren, nicht jedoch einen zahlenmäßig überhöhten, in der
Körperkondition aber schwachen Bestand.
Man kann den Sachverhalt auch als simples Rechenexempel darstellen: jedes erlegte Stück Wild bringt einen bestimmten Wildbreterlös und es verringert den Gesamtfutterbedarf und damit die
Ausgaben.
In unseren Untersuchungsrevieren konnte überall ganz klar festgestellt werden, daß ein vermehrter Arbeits- und Finanzaufwand

Abb. 35: Wirkliche Sommerfütterung, d.h. vor Einsetzen der Brunft,
ist mit Recht verpönt - außer in Gatterrevieren mit hohen
Wilddichten; dennoch deckt das Wild auch dann seinen Bedarf vorzugsweise aus der Vegetation.

(Foto J. BEHNKE)

stets zu einer intensiveren Bejagung und zu dem Streben nach der
nachhaltigen Nutzung des Wildbestandes führte, gerade dann, wenn
dessen Qualität verbessert werden konnte.

10. Diskussion

Wir haben auf den vorliegenden Seiten versucht, vor dem Hintergrund zahlreicher Beobachtungen an Wildtieren im In- und Ausland
erneut eine in unserem Wild fest verankerte Anpassungs-Strategie
aufzuzeigen, die es für eine erfolgreiche Hege so zu nutzen gilt,
daß sie dem Wald, dem Wild in der Jagd zugute kommt.
Wir glauben, daß wir unsere eigenen Untersuchungen bei all ihren
zwangsläufigen Unzulänglichkeiten kritisch genug dargestellt und
interpretiert haben, so daß sie dem Gesetzgeber, den Jagdverwal-
tungen wie dem Revierpraktiker realistische Anhaltspunkte liefern
können.
Das alte Konzept der Winterfütterung, das sich an einem biologisch
schlecht begründeten, in unseren Zeiten vollends unrealistisch
gewordenen Notzeitbegriff orientierte, hat den vielfach genutzten
Wald in letzter Zeit nicht mehr ausreichend schützen können. Sein
Mißbrauch ist aber kein hinreichender Grund, die Erhaltung von be-
jagbaren Wildbeständen in hochentwickelten Ländern mit Hilfe von
Fütterungshegemaßnahmen rundweg zu vereiteln. Die immer nachhaltiger auf unsere Wildbestände einwirkenden Veränderungen unserer
Umwelt mit dem seine Freizeit expansiv gestaltenden Menschen müssen nicht nur endlich zur Kenntnis genommen werden, sondern auch
durch konstruktive Maßnahmen für praktikable Lösungen der entstandenen Probleme ihren Niederschlag finden.
Dabei gilt es auch, den wirklichen Wert jener Zeitströmungen zu
beurteilen, die die Jagd an sich ihrem ursprünglichen Nutzungs-
motiv entziehen wollen und sie stattdessen zu einem mehr kosten-
als zeitaufwendigen Hobby umfunktionieren (was durch einige ein-
schlägige Medien dem "Jagd-Verbraucher" bunt und poppig nahege-
bracht wird). Nicht weniger fragwürdig sind die Einflüsse unrea-
listischer, aber modischer Agitation, die die Jagdreviere und
Forsten dieses Industrielandes als praeglaziale Urlandschaften
sehen möchten, in denen sich alles selbst reguliert und jeder

menschliche Steuerungsversuch als "unnatürlich" verschrien
wird - so natürlich auch alle Hegemaßnahmen zur Verbesserung
der Nahrungsbasis des Wildes. Da wird dann plötzlich das Wort
Hege in letzter Perversion verunglimpft: es gilt _nur_ noch "Hege
mit der Büchse". Immer wieder wird dann zur Entschuldigung behauptet, solange man nur genug schießt, wird alles (von selbst)
besser. Diese Art von Hege mit der Büchse ist freilich einfacher
und billiger als die Hegearbeit im Revier zugunsten des Wildes,
und sie spricht eilige "Hobby-Jäger" an; denn so sind sie, dem
Trend der Zeit folgend, der Verantwortlichkeit für das Wild ent-
hoben und sie erhalten, wenn sie Reduktion als Prinzip verfolgen,
von mancher Seite auch noch eine Rechtfertigung für ihre Bequemlichkeit und ihre Sparsamkeit am falschen Platz.
In vielen Ländern dieser Erde machen sich Biologen und Wildschutz-
Verantwortliche Gedanken über die Erhaltung und Sicherung von
Wildbeständen gerade durch eine nachhaltige jagdliche Nutzung.
Es erscheint uns besonders widersinnig, daß die in den mitteleuropäischen Ländern über mehr als 100 Jahre gesammelten positiven
wie negativen Erfahrungen mit der zeitweiligen Fütterung frei-
lebender Wildbestände bei uns zu einem Zeitpunkt weggewischt,
verunglimpft oder durch Verbote biologisch orientierten Korrek-
turen entzogen werden, wenn man z.B. im Wildlife Management der
Vereinigten Staaten von Amerika offen ausspricht, daß auch dort
die kombinierte Nutzung der Wälder auf lange Sicht ohne den Einsatz der Wildfütterung "wie in Europa" nicht mehr möglich sein
wird.
In ihrem Bericht über einen großangelegten 10-Jahresversuch zur
Fütterung eines Weißwedelhirsch-Bestandes stellen die renommier-
ten Wildforscher OZOGA und VERME (1982) fest, daß die Fütterung
sicherlich kein Ersatz für die Biotopverbesserung sein kann,
daß aber angesichts der Inpraktibalität und der Kosten umfassender
Äsungsverbesserung kaum etwas anderes bleibt, wenn man lebens-
fähige Wildbestände erhalten will. Dabei wird aber das regelmäßige
Abschöpfen des Bestandes ohne Trophäenorientierung als besonders
unerläßlich angesehen. "Wenn man mal die traditionellen Prinzipien
vergißt, sollten die Biologen aufhören, die künstliche Fütterung
als professionelle Ketzerei anzusehen und einsehen, daß sie,

richtig angewendet, eine wertvolle Maßnahme beim derzeitigen
Stand der Kunst (der Hege) ist".

In den letzten Jahren ist viel zu diesem Thema gesagt worden,
was erwartungsgemäß widersprüchlich und für den Revierpraktiker
verwirrend erscheinen muß. Auch deshalb sahen wir in unserem Versuch dieser zusammenfassenden Darstellung eine Notwendigkeit, die
Prinzipien der Ernährungshege nochmals und unter bewußter Einar-
beitung von Wiederholungen zu erläutern.

Es ist in Theorie und Praxis eindeutig nachweisbar, daß ohne
die Anlage von Energie-Depots im Herbst (i.e. Herbstmast für die
Winterfeiste gegenüber Sommermast für die Brunftfeiste, wie sie
v.a. Rotwild anlegt) die Winterfütterung lediglich als Notlösung
funktioniert, das Wild "durchschleppt", während die Herbstmast
bis zum Stoffwechselabfall (ca. Mitte Dezember, d.h. Winteranfang)
den Jungtieren weiteres Wachstum ermöglicht und vor allem den
ständigen Notverbiß verhindert.

Auch OZOGA und VERME (1982) weisen nach, daß die Körpergewichte
anstiegen (15-30 %) und daß die Jungtiere früher ausgewachsen
waren. Außerdem verloren die Tiere im Winter nicht mehr 16-20 %
ihres Gewichtes, sondern bestenfalls 8 %. Sie heben hervor, daß
die Kälber im "Winter" (wird definiert "1.12. - 15.4.") ihr Wachstum fortsetzten und tatsächlich wurden die Jungtiere im Winter
proportional häufiger und länger an den Futterstellen beobachtet
als Erwachsene. Es muß hier aber erwähnt werden, daß die Sozial-
struktur der Weißwedelhirsche anders als beim Rehwild ist und
daß in dem geschilderten Versuch auf 252 ha (für bis zu 159 Tiere)
nur vier Futterstellen angelegt wurden. Die an Biotop und Terri-
torien und am Wildbestand orientierte Anlage von möglichst mehreren
Futterstellen für Rehe ermöglicht es auch den Jungtieren, in der
entscheidenden Phase von September bis Dezember ausreichend wachs-
tums- und konditionfördernde Nährstoffe aufzunehmen (berechnet auf
ca. 50 ha pro Fütterung oder ca. 6-8 Rehe pro Fütterung).

Es muß aber erneut darauf hingewiesen werden, daß zu der Energie-
bilanz-Strategie unseres Wildes nicht allein die Herbstmast,
sondern auch die Energie-Einsparung gehört: abgesenkter Stoffwechsel von ca. Mitte Dezember bis Ende Februar/Anfang März; Einschränkung des Aktionsradius und der Bewegungen (wichtig für die

Abb. 36: Durch Herbstmast gestärkte Kitze werden zu Jährlingen,
die nicht selten bereits Sechsergehörne schieben, vor
allem aber liegt ihr Gewicht höher.

(Foto J. BEHNKE)

Plazierung der Futterstellen; es war eine fatale Fehleinschätzung, wenn prominente Autoren monierten, das Wild "läge faul an den Fütterungen herum und müsse beschäftigt und bewegt werden"). Dieser Teil der Strategie wird durch häufige Störungen in den Einständen und durch falsche Fütterungstechnik allzuoft vereitelt.

Es erscheint nicht übertrieben, daß der Mißerfolg zahlreicher Hegemaßnahmen zur Verbesserung der Wildernährung auf schlechte Vorbereitung, mangelnde Ausdauer und Konsequenz bei der Durchführung zurückgeht und daß darauf auch jene "fütterungsbedingten" Wildschäden zurückzuführen sind, die bei der Errichtung von Verboten Pate standen. Auch OZOGA und VERME (1982) konstatieren, daß die meisten Fütterungsversuche in den USA "schlecht vorbereitete Abenteuer" waren (Ähnliches mußten wir im Laufe unserer Erhebungen in einigen Fällen auch beobachten). Nicht viel besser steht es manchmal mit der Anlage und Unterhaltung von Äsungsflächen. Es wird künftig notwendig sein, Wildäsungsflächen besser und durchdachter nach ihrem Nutzen im Jahresrhythmus des Wildes anzulegen und damit sinnvoll zu klassifizieren: 1. wo nötig für Frühjahr und Sommer; 2. für die Ermöglichung der Herbstmast und 3. Flächen, die dem Wild Winter-Erhaltungsäsung bieten. Es wird freilich kaum möglich sein, die schwierige Phase des rasch ansteigenden Bedarfs in einem verzögerten Frühjahr ausreichend abzudecken - ein Hauptgrund, warum die prinzipielle Ablehnung von Fütterungsmaßnahmen zur Propagierung von Äsungsflächen töricht erscheinen muß.

Die häufig gestellte Frage, warum besonders das Rehwild so schwach sei und die Trophäenschauen so ärmliche Bilder abgeben, löst sich bald in Wohlgefallen auf, wenn Hegebemühungen auf breiter Basis in die aufgezeigte Richtung gehen, d.h. die biologischen Möglichkeiten des Wildes fördern. Für Viele gibt es dagegen die bequeme Erklärung, daß es heute zu viel Wild gebe, und dann werden die von der Zeit verklärten Märchen von 1945/50 aufgetischt, wo es angeblich nur starkes, weil wenig Wild gab.
In alledem ist ein notorisches Ausweichen vor den Realitäten zu beobachten; denn der "natürliche" Nahrungsengpaß im Herbst, der Mangel an "natürlichen" Mastmöglichkeiten ist in den meisten Revieren unbestreitbar. Wer sich daher auf "Naturäsung" ver-

Abb. 37: Angesichts unserer ständig gestörten Rotwildeinstände
gehört es zu den fatalsten Fehlschlüssen, von einem
geringen Rotwildbestand geringe Schäden zu erwarten,
wenn er nicht rechtzeitig und regelmäßig gefüttert wird!

(Foto J. BEHNKE)

steift, will die Dinge nicht zu Ende denken; denn vor einem
"natürlichen" Wintertod steht dort zunächst viel Wildschaden
(für den "Bekämpfung" durch Abschuß meist zu spät kommt), wo
nichts für das Wild getan wird.
In diesem Zusammenhang müssen wir unser Erstaunen zum Ausdruck
bringen, daß das umfassende Werk des Herzogspaars von BAYERN
seit seiner Erstveröffentlichung 1975 mit seiner geradezu er-
drückenden Beweiskraft bisher nur von so wenigen wirklich zur
Kenntnis genommen und verarbeitet wurde, während so viele über
Rehe reden und Entscheidungen fällen. Es wurde sicher nicht ge-
schrieben, um andere zu ähnlich umfangreichen und aufwendigen
Maßnahmen zu veranlassen, wie sie das Studium, das Erproben und
Verwerfen erfordert. Aber das in diesem Werk Mitgeteilte enthält
eigentlich alles, was zur Orientierung für eine erfolgreiche,
wildfreundliche Hege dienen könnte. Im Grundsatz ist auch unsere
Arbeit nur als Ergänzung nach Anwendung dieser Erkenntnisse zu
betrachten.
Gerade hier wäre, im Sinne des Herzogs von BAYERN, nochmals vor
Patentrezepten zu warnen. Es geht nicht ohne eigene Beobachtung,
ohne das Bemühen, dem spezifischen Biotop und seinem Wildbestand
gerecht zu werden. Es gibt nicht das Universalfutter, die einzig
richtige Äsungsfläche. Wenn wir im Text eine Kombination von
Äsungsflächen und Fütterungsmaßnahmen empfohlen haben, dann ist
auch das nur unter Hinweis auf örtliche Gegebenheiten anwendbar.

Ganz ähnlich steht es mit der Einschätzung biologischer Gesetz-
mäßigkeiten und Regeln. Obwohl zyklische Veränderungen im Jahresablauf genetisch festgelegt sind (Ergebnisse evolutionärer, lang-
fristiger Anpassungen), folgen sie dennoch keinen starren Regeln
und erlauben nach wie vor Anpassungen an akute Situationen.
So kommt es selbst zu Änderungen in der Stoffwechselintensität,
wenn sich die klimatischen Bedingungen ändern. Im verregneten
Sommer des Jahres 1979 mit relativ niedrigen Temperaturen wurde
vom Wild auf "Spargang" umgeschaltet und bereits vor der Blattzeit erhebliche Mengen von Feist in den Depots abgelagert. Dem
kamen die durch den Regen geringer gewordenen Störungen im Wald
zusätzlich entgegen. Der Tiefpunkt der Energiereserven hatte sich
hier zugunsten des Wildes verschoben.

Abb. 38: Dem selektiven Rehwild bieten grenzflächenreiche und auf-
gelichtete Reviere in der Krautschicht vielfältige Sommeräsung, die keine Fütterung ersetzen kann und darf. Im
Herbst verlieren aber die meisten dieser Pflanzen an Nähr-
wert und Verdaulichkeit.   (Foto J. BEHNKE)

Andererseits kann langanhaltende Kälte unter - 15°, die vielfach begründbare Unfähigkeit zur ausreichenden Bildung von
Herbstfeiste und ein Übermaß von Störungen in den Wintereinständen (einschließlich Jagd) zu einem vorzeitigen Energie-
Defizit führen, das sich entweder in einem hohen Futterverbrauch
in den Wintermonaten oder in starkem Verbiß ab Februar nieder-
schlägt.

Wie verschiedene Berichte aus ost- und nordeuropäischen Ländern
gezeigt haben und bei uns dem Gebirgler wohlbekannt ist, weicht
das Rehwild hohen Schneelagen im Selbsterhaltungstrieb aus.
Hohe Schneelagen oder feste Eisdecken machen jedoch auch jene
Äsungsflächen unzugänglich, die dem Wild Winter-Erhaltungsäsung
bieten sollen. Wenn dieser traditionell als "Notzeit" bezeich-
nete Zustand erst einmal eingetreten ist, hilft die (vom Gesetz
geforderte) Bereitstellung von Futter auch nichts mehr - es sei
denn, das Wild kennt bereits die regelmäßig beschickten Futterstellen, die auch für solche Eventualität zugänglich angelegt
sein müßten.

Es ist auch hier der Ort, um unter Hinweis auf die Versuche in
der Steiermark (von BAYERN) auf unsere Vergleichsuntersuchungen
in Bayern und auf die Versuche in Michigan (OZOGA und VERME) mit
zeitweilig ganzjähriger Fütterung nochmals festzustellen, daß
gerade auch diese Ergebnisse der "Domestikationstheorie" ent-
gegenstehen. Freilebende Wildtiere (und mit ihnen der biologisch
orientierte Heger) sehen Wildfütterung stets als eine "Ersatz-
lösung" an. Selbst bei ganzjähriger Fütterung (und anormal hohen
Wilddichten) liegt die Primärpräferenz (bis 63 %) bei der Grünäsung und die vermehrte Annahme des gebotenen Futters im Herbst
und Winter zeigt eindeutig jene Engpässe auf, die die "natürliche"
Äsung für das Wild zu bestimmten Zeiten bringt, wenn nämlich die
Äsungspflanzen ihre Verdaulichkeit bzw. ihren Nährstoffgehalt
verlieren.

Wir möchten es auch nicht versäumen, auf die bisher nur schlecht
fundierte Agitation gegen die Fütterung wegen angeblicher Anhebung der Wildbestände einzugehen, die bei Einigen eine unter-
schwellige Angst erzeugt hat. Selbst in den erwähnten unbejagten,

Abb. 39: Saure Bruchwiesen sind unverzichtbare Brunftplätze –
Nahrung bieten sie nicht und sollten daher nicht als
Äsungsflächen gerechnet werden.

(Foto J. BEHNKE)

stark angestiegenen Beständen ist es nicht zu den Katastrophen
der Vegetation gekommen, die erwartet oder prophezeit wurden;
eher schon bei überjagten Beständen.

Die Populationsdynamik von Wildbeständen ist empfindlich rea-
gierenden Einflußgrößen ausgesetzt, die sich simplen Erklärungs-
versuchen oder linearen Berechnungen entziehen. Sicher ist, daß bei
den von uns durchgeführten bzw. propagierten Ernährungshegemaß-
nahmen zur Herbstmastsimulation, bei denen wir ja mit bejagten
Beständen operieren, die postnatale Verlustrate (insbesondere
frühe Kitzabgänge) herabgedrückt wird. Eine erhöhte Vermehrungs-
rate wie beim Weißwedelhirsch ist bisher durch nichts überzeugend nachgewiesen worden. Der Vorwurf, daß durch Fütterungshege
überhöhte Wildbestände "herangezüchtet" (!) werden, kann auch
aufgrund unserer Untersuchungen in Hessen, Bayern und Rheinland-
Pfalz eindeutig zurückgewiesen werden. Die Bestandsgrößen in
diesen Revieren waren bestenfalls stabil, meist aber etwas rück-
läufig, während sich die Kondition des Wildes z.T. erheblich
verbesserte. Das ist erklärbar durch den Anreiz, den investier-
ten Arbeits- und Geldaufwand mit einer nachhaltigen Nutzung des
verbesserten Wildbestandes zu kompensieren. Letztlich muß aber
die Gegenargumentation vor allem vor den eindeutig verringerten
oder verschwundenen Verbißschäden kapitulieren.

Abb. 40:Die Herbstmast-Simulation führt zu gesundem, starkem Wild, das einen erhöhten
Anreiz zu nachhaltiger Bejagung gibt und daher nicht zu überhöhten Beständen
führt.

(Foto J. BEHNKE)

11. Empfehlungen

Aufgrund der von 1978/79 bis 1982 in Hessen sowie in mehreren außerhessischen Vergleichsrevieren durchgeführten Untersuchungen und unter Heranziehung gesicherter wissenschaftlicher Erkenntnisse über Ernährungsphysiologie und -verhalten des Reh- und Rotwildes möchten wir empfehlen:

1. Hegemaßnahmen zur Verbesserung der Nahrungsbasis der genannten Schalenwildarten künftig stärker an den evolutionär entstandenen Anpassungs- und Überlebensstrategien des Wildes selbst als an althergebrachten Traditionen zu orientieren;

2. derartige Hegemaßnahmen im optimalen Zeitraum zu ermöglichen, d.h. bestehende Verbote bzw. Gebote so zu korrigieren, daß eine Herbstmastsimulation des Rehwildes ab 1. September und des Rotwildes ab 1. Oktober ermöglicht wird; um den Schutz des Waldes vor Wildschäden auch im Zeitraum des Stoffwechselanstiegs zu gewährleisten, sollten Fütterungsmaßnahmen mindestens bis 30. April möglich sein.

3. Wildbestände, deren Kondition und Überlebensfähigkeit durch die Anwendung von Hegemaßnahmen zur Herbstmast-Simulation verbessert werden, nach dem Grundprinzip der Nachhaltigkeit intensiver als bisher zu nutzen und bürokratische Einschränkungen solcher Nutzungs-progressionen abzubauen oder flexibel zu gestalten. Es ist jedoch ein Trugschluß, unter den heutigen Umweltbedingungen und Störungen des Wildes selbst von einem sehr geringen Bestand keine Wildschäden zu erwarten, wenn man auf Hegemaßnahmen wie Fütterung und Wildäcker verzichtet oder sie verbietet.
Solche Schäden stehen meist in keinem Verhältnis zur Wilddichte und müssen als vermeidbar angesehen werden, zumal unter heutigen Bedingungen (besonders beim Rotwild) lineare Bezüge zwischen Wilddichte und Wildschäden nicht mehr herleitbar sind.

12. LITERATURVERZEICHNIS

BARTH, D. (1976):   zitiert in Wildbiologische Informationen
für den Jäger, Bd. II (1978)
persönl. Mitteilung

BARTH, D. u. HORN,K. (1980): Untersuchungen über das jahreszeit-
liche Verhalten der Blutspiegel von
Thyroxin und Harnstoff beim Reh
Z.f.Jagdwissenschaft 26: 1-11

BARTH, D. u. SCHAICH, K. (1979): Zum Einfluß der Hormone auf die
Lebensweise des Rehwildes
Jagd + Hege 11, 3/79

BARTH, D. u. SCHAICH, K. (1981): Die Blutspiegel von Geschlechts-
und Schilddrüsenhormonen im Jahresablauf
beim männlichen und weiblichen Rehwild
Wildbiologische Informationen für den Jäger,
Bd. IV (1981)
Ferdinand Enke-Verlag, Stuttgart

von BAYERN, A. u. J. (1975, 1977): Über Rehe in einem steierischen
Gebirgsrevier
BLV-Verlag München; 1.u.2. Auflage

BIRRAS, G. (1981):   Histologische und morphometrische Studien
an den Schilddrüsen von Rehwild (Capreolus
capreolus, Linné, 1758) und Rotwild (Cervus
elaphus, Linné 1758) unter besonderer
Berücksichtigung des Einflusses von Alter
und Jahreszeit (Heft 7 der AKWJ-Schriften-
reihe)
Ferdinand Enke-Verlag, Stuttgart

BRÜGGEMANN, U. (1967):   Untersuchungen über den Stickstoff-Stoff-
wechsel im Panseninhalt von Rotwild
(Cervus elaphus, Linné, 1758) und Rehwild
(Capreolus capreolus, Linné, 1758)
Diss. med.vet., München (1967)

BOROWSKI, S. u. KOSSAK, S. (1975): The food habits of deer in the
Bialowieza Primeval Forest
Acta theriologica 20, 32: 463-506

BUBENIK, A. (1971)   Rehwildhege und Rehwildbiologie
F.C. Mayer Verlag München, 1-59

DOKUMENTATIONSSTELLE der Universität Hohenheim (1982):
DLG-Futterwerttabelle für Wiederkäuer
DLG-Verlag Frankfurt a. Main

DRESCHER-KADEN, U. (1976): Untersuchungen am Verdauungstrakt von
Reh, Damhirsch und Mufflon
Zeitung f. Jagdwissenschaft 22 (4), 184-190

DROZDZ, A. (1979):   Seasonal intake and digestibility of natural
foods by roe deer
Acta Theriologica XXIV, 13: 137-170

DROZDZ, A. u. OSIECKI, A. (1973): Intakte and digestibility of
natural feeds by roe deer
Acta Theriologica 18, 3: 81-91

ELLENBERG, H. (1974):   Beiträge zur Ökologie des Rehes
(Capreolus capreolus, Linné, 1758)
Diss. Universität Kiel

ELLENBERG, H. (1978):   Zur Populationsökologie des Rehes (Capreolus
capreolus, Linné, 1758) in Mitteleuropa
Spixiana, Suppl. 2, Zoolog. Staatssammlung
München PP. 211

EISFELD, D. (1976):   Ernährungsphysiologie als Basis für die
ökologische Beurteilung von Rehpopulationen
Rev. Suisse Zool. 83 (4), 914-928

FRAZER, J.F.D. (1964):   Seasonal Rythms and Survival
The biology of Survival Symp. Zool.Soc.London
13: 71-77

GILBERT, P.F. et al. (1970): Effect of snow depth on mule deer in
Middle Park, Colorado

HERRE, W. (1978):   Zähmung des Wildtieres
Wild u. Hund 81: 5.u.6, S. 101-133

- ders. - (1980):   Wildbiologie und Domestikation
Jagd + Hege 12, 3/80

HOFFMANN, R. (1977):   Morphologische Untersuchungen am Darm des
Rehes (Capreolus capreolus, Linné, 1758)
einschließlich der assoziierten Strukturen
Diss. Vet.Fak. Universität Giessen

HOFFMANN, R.R. u. ROBINSON, P.F. (1966): Changes in some endocrine
glands of white-tailed deer as affected
by season, sex and age
Journal of Mammalogy 47, 2: 266-280

HOFMANN, R.R. (1973)   The Ruminant Stomach (Stomach structure
and feeding habits of East African Game
Ruminants)
E.A. Monographs in Biology 2; Nairobi;1-354

HOFMANN, R.R.(1976):   Zur adaptiven Differenzierung der Wieder-
                         käuer; Untersuchungsergebnisse auf der
                         Basis der vergleichenden funktionellen
                         Anatomie des Verdauungstrakts
                         Der Praktische Tierarzt 57/6, 351-358

- ders. -   (1978):   Die Verdauungsorgane des Rehes und ihre
                         Anpassung an die besondere Ernährungsweise
                         Wildbiologische Informationen für den Jäger,
                         Bd. I, Ferd.Enke-Verlag, Stuttgart; 103-112

- ders. -   (1979):   Die Ernährung des Rehwildes im Jahresablauf
                         nach dem Modell Weichselboden
                         Wildbiologische Informationen für den Jäger,
                         Bd. II, Ferd.Enke-Verlag, Stuttgart; 121-136

- ders. -   (1981):   Wildernährung in unnatürlicher Umwelt
                         Wild u. Hund 83/26: 617-621

HOFMANN, R.R. u. STEWART, D.R.M. (1972): Grazer or Browser: a
                         classification based on the stomach structure
                         and feeding habits of East African ruminants
                         Mammalia, Paris 36/2: 226-240

HOFMANN, R.R. u. GEIGER, G. (1974): Zur topographischen und funktio-
                         nellen Anatomie der Viscera abdominis des
                         Rehes (Capreolus capreolus, Linné, 1758)
                         Anat.Histol.Embryol. 3: 63-84

HOFMANN, R.R.; GEIGER, G. u. KÖNIG, R. (1976): Vergleichende ana-
                         tomische Untersuchungen an der Vormagenschleim-
                         haut von Rehwild (Cervus elaphus, Linné, 1758)
                         und Rotwild (Cervus elaphus, Linné,1758)
                         Z. f. Säugetierkunde 41 (3): 167-193

HOFMANN, R.R. u. HERZOG, A. (1980): Die Notzeit des Schalenwildes
                         DJV-Nachrichten Nr. 5 (1980)

HOFMANN, R.R. u. SCHNORR, B. (1982): Funktionelle Morphologie des
                         Wiederkäuer-Magens (Schleimhaut und Ver-
                         sorgungsbahnen)
                         Ferd.Enke-Verlag, Stuttgart

JAHN-DEESBACH, W. u. HOFMANN, R.R. (1979): Äsungsflächen contra
                         Wildfütterung
                         Hess.Jäger 23/8, 157-158 u. Jagd + Hege, 11/5,21

KAY, R.N.B. u. GOODALL, E.D. (1976): The Intake, Digestibility and
                         Retention Time of roughage Diets by Deer
                         (Cervus elaphus) and sheep
                         Proc.Nutr.Soc. 35, 98A

KLEIBER, M. (1961):   The fire of live
                         J. Wiley and Sons, 1-453, New York

KÖNIG, R., HOFMANN, R.R. u. GEIGER, G. (1976): Differentiell-morpho-
logische Untersuchungen der resorbierenden
Schleimhautoberfläche des Pansens beim
Rehwild (Capreolus capreolus) im Sommer und
Winter
Z.f.Jagdwissenschaft 22, 191-196, 1976

MAGGIO, G. (1979):   Ist Rehwildhege im Sinne der Forschungser-
kenntnisse aus Weichselboden in der Praxis
möglich?
Wildbiologische Informationen für den Jäger,
Bd. II, Ferd.Enke-Verlag, Stuttgart;169-186

MALOIY, G.M.O, KAY, R.W.B. u. GOODALL, E.D. (1968): Studies on the
physiology and digestion and metabolism of
the red deer (Cervus elaphus)
Symp.Zool.Soc., London 21: 101-108

MAUTZ, W.W. (1978):   Sledding on a bushy Hillside: the fat cycle
in deer
Wildlife Society Bulletin 6, 2/78, S. 88-90

Mc EWAN, E.H. u. WHITEHEAD, P.E. (1970): Seasonal changes in the
energy and nitrogen intakte in reindeer and
caribou
Can.J.Zool. 48 (5): 905-913

MEIER, A.H. u. BURNS, J.T. (1976): Circadian Hormone Rythms in
Lipid Regulation
American Zool. 16: 649-659

MILNE, J.A., McRAE, J.C., Spence, A.M. u. WILSON, S. (1978):
A comparison of the voluntary intake and
digestion of a range of forages at different
times of the year by the sheep and the red deer
(Cervus elaphus); Brit.Jl.Nutr. 40: 347-357

MOEN, A.N. (1976)   Energy conservation by white-tailed deer
in the winter
Ecology 57 (1): 192-198

MORRISON, F.B. (1963): Feeds and Feedings
The Morrison Publishing Comp.

NEHRING, J., BEYER, M. u. HOFFMANN, B. (1972): Futtermitteltabellenwerte
Deutscher Landwirtschaftsverlag Berlin

OZOGA, J.J. u. VERME, L.J. (1982): Physical and Reproductive
Characteristics of a supplementally-fed
white-tailed deer herd
Journal Wildlife Management 46 (2): 281-301

PERZANOWSKI, K. (1978): The effect of winter food comosition
                         on roe-deer budget
                         Acta Theriologica, 23,31: 451-467

RAMISCH, W. (1978):   Topographie und funktionelle Anataomie
                         der Kaumuskeln und der Speicheldrüsen
                         des Rehes (Capreolus capreolus, Linné,1758)
                         Diss.vet.med. Giessen
                         Heft 3 der AKWJ-Schriftenreihe

REMMERT, H. (1982):   Wie sieht eigentlich Urwald aus?
                         Nationalpark Nr. 35 2/82
                         Verlag Morsak OHG, Grafenau

SCHEMMEL, R. (1976):   Physiological Considerations of Lipid
                         Storage and Utilisation
                         Amer.Zool. 16: 661-670

SHORT, H.L. (1975):   Nutrition of southern deer in different
                         seasons
                         J.Wildl.Management 39 (2): 321-329

SILVER, H., HOLTER, J.B., COLOVOS, N.F. u. HAYES, H.H. (1969):
                         Fasting metabolism of white tailed deer
                         J.Wildl.Management 33,3: 490-498

STUBBE, Ch. (1966)   Körperwachstum und Körpergröße des
                         Europäischen Rehwildes
                         Der Zoologische Garten Bd. 33, 1966

THOMPSON, G.B., HOLTER, J.B., HAYES, H.H., SILVER, H. u. URBAN, W.E.
(1973):   Nutrition of white-tailed deer
                         I.Energy requirement of fawns
                         J.Wildl.Management 37 (3): 301-311

VOGT, F. (1936):   Neue Wege der Hege
                         Neudamm

WEINER, J. (1977):   Energy Metabolism of the Roe Deer
                         Acta Theriologica Vol. 22, 1:3-24, 1977

YOUNG, R.A. (1976):   Fat, Energy and Mammalian Survival
                         Amer.Zool. 16: 699-710 (1976)

Seit 1976 sind in der <u>Schriftenreihe des AKWJ Giessen</u> bisher die zehn nachstehenden Titel erschienen, die <u>ab Heft 2</u> alle über den Buchhandel vom Verlag Ferdinand Enke, Stuttgart bestellt werden können:

1. B. SCHINDLER (1976): Wert- und Bewertungsprobleme bei Jagdhunden - systematische Untersuchung der Komponenten des wirtschaftlichen Wertes von Jagdhunden, Erarbeitung eines Taxationsschemas; Bewertungsbeispiele.
232 S., 10 Fig., 15 Übersichten   vergriffen

2. R. HOFFMANN (1977): Morphologische Untersuchungen am Darm des Rehes, Capreolus capreolus (Linné, 1758), einschließlich der assoziierten Strukturen. ISBN 3 432 90971 6
102 S., 2 Fotos, 7 Abb., 9 Tab.   DM 12,--

3. W. RAMISCH (1978): Topographie und funktionelle Anatomie der Kaumuskeln und der Speicheldrüsen des Rehes, Capreolus capreolus (Linné, 1758). ISBN 3 432 90981 0
104 S., 14 Abb.   DM 12,--

4. A. HERZOG u. R.R. HOFMANN (1978): Zur Entwicklung und Regulierung der Wildbestände im Nationalpark Berchtesgaden. ISBN 3 432 90991 8
125 S., 34 Abb.   DM 10,--

5. H.D. BERLICH (1979): Topographie und Anatomie des Verdauungstraktes der Waldschnepfe (Scolopax rusticola L. 1758).
76 S., 23 Abb. ISBN 3 432 90831 8   DM 12,--

6. H. THOMÉ (1980): Vergleichend-anatomische Untersuchungen der prae- und postnatalen Entwicklung und der funktionellen Veränderungen des Uterus von Rotwild (Cervus elaphus Linné,1758) sowie Altersberechnungen an Feten dieser Art.
118 S., 39 Abb. ISBN 3 432 91461 X   DM 18,--

Sonderheft 1 Schwarzwild-Symposion Giessen (Vorträge des am 9.2.1980 in Giessen vom AKWJ abgehaltenen Schwarzwild-Symposions) herausgegeben von R. KÖNIG und R.R. HOFMANN
140 S., 54 Abb., 11 Tab. ISBN 3 432 91561 6 DM 20,--

7. G. BIRRAS (1981): Histologische und morphometrische Studien an den Schilddrüsen von Rehwild (Capreolus capreolus, Linné, 1758) und Rotwild (Cervus elaphus, Linné, 1758) unter besonderer Berücksichtigung des Einflusses von Alter und Jahreszeit.
152 S., 43 Abb., 25 Tab. ISBN 3 432 92131 4 DM 24,--

8. H. KÖHLER (1982): Vergleichend anatomische Untersuchungen am Kehlkopf von Cerviden: Rotwild
   (Cervus elaphus, Linné, 1758), Damwild
   (Cervus dama, Linné, 1758), Sikawild (Cervus
   nippon nippon, Temminck, 1838), Rehwild
   (Capreolus capreolus, Linné, 1758) und Elch-
   wild (Alces, alces, Linné, 1758).
   149 S., 55 Abb., 13 Tab. ISBN 3 432 92861 0 DM 24,--

9. R.R. HOFMANN u. N. KIRSTEN (1982): Die Herbstmast-
   Simulation (Untersuchungsergebnisse und kri-
   tische Analyse eines praxisorientierten AKWJ-
   Projektes zur Problematik der Schalenwildfütterung in Hessen 1979-1982).
   113 S., 40 Abb. u Tab. ISBN 3 432 93051 8   DM 20,--

<u>Vorankündigung</u>

Heft 10 (erscheint Sept./Okt. 1982):
   Etho-ökologische Untersuchungen an einem
   Rotwildbestand in der Eifel

Sämtliche Hefte der Schriftenreihe (kartoniert) sind über den
Buchhandel - siehe ISBN-Nr. - vom Verlag Ferdinand Enke,
Stuttgart oder direkt vom AKWJ Giessen zu beziehen.

Werden Sie MITGLIED oder werben Sie zur Unterstützung
unserer Arbeiten in Ihrem Freundeskreis MITGLIEDER
für die

GESELLSCHAFT ZUR FÖRDERUNG DES ARBEITSKREISES
WILDBIOLOGIE UND JAGDWISSENSCHAFT
AN DER JUSTUS LIEBIG-UNIVERSITÄT GIESSEN (AKWJ-FG)

Der Mindest-Jahresbeitrag beträgt DM 50,-- für Einzel-
mitglieder, DM 100,-- für korporative Mitglieder -
Beiträge und Spenden sind voll von der Steuer absetzbar.

(Das Finanzamt Giessen hat die Gemeinnützigkeit der
AKWJ-Fördergesellschaft am 25.1.1979 unter Steuer-Nr.
20 250 500 13 anerkannt.)